Beitrag

zur

Kenntnis ausländischer Honige.

Von

Dr. J. Fiehe,   und   **Dr. Ph. Stegmüller,**

wissenschaftlichem Hilfsarbeiter,   früherem wissenschaftlichen Hilfsarbeiter

im Kaiserlichen Gesundheitsamte.

Sonderabdruck aus
„Arbeiten aus dem Kaiserlichen Gesundheitsamte", Band XLIV, Heft 1.

Springer-Verlag Berlin Heidelberg GmbH

1913

ISBN 978-3-662-24494-4   ISBN 978-3-662-26638-0 (eBook)
DOI 10.1007/978-3-662-26638-0

Inhalt.

A. Einleitung.

Die Einfuhr von Honig in das deutsche Zollgebiet hat, wohl infolge der zahlreichen Mißernten der letzten 10 Jahre, eine starke Zunahme erfahren. Sie betrug nach den Angaben der Statistik für das Deutsche Reich im Jahre 1909 43 010 dz gegen 19 117 dz im Jahre 1900. Vergleicht man diese Zahlen mit den nach den amtlichen Ermittelungen im Jahre 1900 im Deutschen Reich geernteten Honigmengen von 149 501 dz, so ergibt sich, daß ein nicht unbeträchtlicher Anteil des in Deutschland zum Verkauf gelangenden Honigs aus dem Auslande stammt. Vorwiegend sind es die Länder Kuba, Chile, die Vereinigten Staaten von Amerika und Mexiko, welche an der Honigeinfuhr beteiligt sind. In geringerem Maße kommen auch Honige der übrigen Länder, insbesondere aus Österreich, Ungarn, Italien, Rußland, Brasilien und Jamaika zur Einfuhr. Nähere Angaben über den Umfang der Gesamteinfuhr und -Ausfuhr von Honig nach Menge und Wert in den Jahren 1897 bis 1909, sowie über die Beteiligung der Einzelländer an der Honigeinfuhr in den Jahren 1900 bis 1909 sind im Anhang zusammengestellt worden (Tabelle I und II).

Im Hinblick auf diese beträchtliche Honigeinfuhr erschien es von Bedeutung, sichere Unterlagen für die Beurteilung der Auslandshonige zu erhalten. Zu diesem Zwecke sind auf Antrag des Kaiserlichen Gesundheitsamtes seitens der Kaiserlichen Vertretungen im Auslande Erkundigungen über die einschlägigen Verhältnisse eingezogen und soweit als möglich Proben der in den einzelnen Ländern erzeugten Honige beschafft worden. Vom Gesundheitsamt ist Wert darauf gelegt worden, daß die zu untersuchenden Honigproben naturrein und unverfälscht seien. Demgemäß ist das Bemühen der Kaiserlichen Konsulate darauf gerichtet gewesen, nur natürliche Erzeugnisse der betreffenden Ursprungsländer zu erwerben. Die eingesandten Honigproben entsprechen auch nach den Begleitberichten der Konsuln dieser Forderung, soweit nach Lage der Verhältnisse eine Sicherheit für einwandfreie Beschaffenheit der Ware zu erlangen war. Dabei handelt es sich keineswegs um ausgesuchte Honige, sondern um reine Handelsware. Die gewonnenen analytischen Ergebnisse sind, abgesehen von den wenigen später charakterisierten Ausnahmen, mit der Annahme, daß es sich um unverfälschte Naturprodukte handelt, wohl vereinbar. Der aus Rußland stammende Kunsthonig, der untersucht wurde, war als Kunsthonig ausdrücklich bezeichnet.

Durch die Untersuchung dieser Honige sollte in erster Linie festgestellt werden, welchen Schwankungen in der Zusammensetzung die einzelnen Honigsorten unterliegen und ob die an deutschen Honigen gesammelten Erfahrungen und Beurteilungsgrundsätze sich auch auf Auslandshonige anwenden lassen. Insbesondere sollten auch die neueren Methoden zur Prüfung von Honig auf künstlichen Invertzucker an diesen Honigen erprobt werden. Die weiteren Erhebungen im Auslande über die Ernährung der Bienen, ihre etwaige künstliche Fütterung, die Art der Honiggewinnung, die Preisverhältnisse von Honig, Zucker, Honigersatzmitteln und dgl. sollten dazu beitragen, ein klares Bild über die Honigerzeugung und über den Imkereibetrieb des Auslandes zu gewinnen und in Verbindung mit den Untersuchungsergebnissen eine zutreffende Beurteilung der Auslandshonige zu ermöglichen.

Bevor auf die Verfahren, welche bei der Untersuchung der Auslandshonige zur Anwendung gelangten, auf die Untersuchungsergebnisse selbst und auf die aus diesen Ergebnissen zu ziehenden Schlußfolgerungen näher eingegangen wird, seien die Konsulatsberichte über die Honiggewinnung in den Erzeugungsländern ihrem wesentlichen Inhalte nach kurz wiedergegeben.

Bezüglich der Preisangaben in den Konsulatsberichten ist zu bemerken, daß die Preise der Honige sich bei der Einfuhr in das deutsche Zollgebiet infolge des für Honig bestehenden Schutzzolles erhöhen. Nach Ziffer 139 und 140 des Zolltarifs (Zolltarifgesetz vom 25. Dezember 1902, R. G.-Bl. S. 303) wird für Honig in Waben, für ausgelassenen Honig oder für Honig in Bienenstöcken, Körben, Kästen (ohne lebende Bienen) und für künstlichen Honig bei der Einfuhr ein vertragsmäßiger Zollsatz von 40 Mk. für den Doppelzentner erhoben. Da Brutto für Netto verzollt wird, so stellt sich dieser Zoll für den „Honig“ selbst in Wirklichkeit noch etwas höher. Die Ziffer 219 des Zolltarifs, wonach für Nahrungs- und Genußmittel aller Art (mit Ausnahme von Getränken) in luftdicht verschlossenen Behältnissen, soweit sie nicht unter höheren Zollsatz fallen, 75 Mark für den Doppelzentner erhoben werden, dürfte für Honig nur ausnahmsweise zur Anwendung gelangen. Die Verpackung geschieht nämlich zumeist in Fässern; soweit aber Blechkanister gewählt werden (bei italienischen Honigen), werden die Kanister mit Ausflußöffnungen versehen, um den erhöhten Zollsatz zu sparen.

B. Auszüge aus den Konsulatsberichten über den Verkehr mit Honig in den Erzeugungsländern.

I. Österreich.

Nach amtlichen Ermittelungen betrug die Zahl der Bienenstöcke Österreichs am Ende des Jahres 1900 996139 Stück. Diese Zahl hat sich schätzungsweise im Jahre 1908 auf 1066577 Stück erhöht. Von diesen Stöcken waren:

Mit beweglichem Bau . . . . . 585391 Stück.

„ unbeweglichem Bau . . . . 458174 „

„ gemischtem Bau . . . . . 23012 „

Der Gesamtertrag an Honig wurde im Jahre 1908 auf 35495 dz berechnet; im Durchschnitt der Jahre 1898 bis 1907 betrug er 48489 dz.

Für die Ernährung der Bienen kommen alle Pflanzen mit sichtbaren Blüten, Kräuter, Sträucher und Bäume in Betracht. Besonders ausgiebige Trachten liefern Esparsette, Weißklee, Buchweizen, Vusperkraut auf Brachäckern, ferner Haselnuß, Pappeln, die Ahornarten, Akazie, Linde, Ailanthus usw.

Die Honiggewinnung findet nur wenig im großen statt. In der Regel bildet sie einen Nebenerwerbszweig, doch gibt es eine Reihe von Imkern, bei welchen die Einkünfte aus der Bienenzucht ihre Berufseinkünfte übersteigen.

Neben Schleuderhonig wird von Bienenhaltern in bäuerlichen Kreisen, von sogenannten Strohkorbimkern, auch Honig durch Erwärmen der Waben und Abseihen des flüssigen Honigs gewonnen. Für die Ausfuhr wird der Honig gereinigt. Dies geschieht entweder durch Absieben oder auch durch Abschöpfen der Verunreinigungen, wenn der Honig etliche Tage ruhig gestanden hat.

Man unterscheidet und bezeichnet die Honigsorten hauptsächlich nach den Blüten, von denen sie stammen.

Die hauptsächlichsten Eigenschaften der wichtigeren Honigsorten sind folgende:

Esparsettehonig ist wasserhell, besitzt wenig Geschmack und kandiert leicht.

Weißkleehonig ist dunkler als Espasettehonig und besitzt gutes Aroma.

Buchweizenhonig ist dunkelbraun, besitzt scharfen Geruch, brenzlichen Geschmack und kandiert leicht.

Rapshonig ist sehr hell, kandiert schnell und besitzt wenig Geschmack.

Vusperkrauthonig ist sehr hell und besser als der Buchweizenhonig.

Akazienhonig ist weingelb, sehr schmackhaft und kandiert nahezu weiß.

Lindenblütenhonig ist gelblich grün, aromatisch, sehr gut und kandiert langsam.

Ailanthushonig ist grün, dunkler als Lindenhonig, besitzt sehr scharfen Nachgeschmack und kandiert mäßig.

Der Preis des Honigs beträgt für 1 kg 1 bis 1,40 Kronen (in Fässern) und 1,40 bis 2 Kronen (in Dosen).

Als Ersatzmittel für Honig werden aus Invertzucker mit billigen Zusätzen Erzeugnisse hergestellt, welche wohlklingende Namen: Ambrosia, Honigbutter, Obstbutter usw. führen. Derartige Erzeugnisse werden auch aus Deutschland eingeführt.

II. Ungarn.

Nach den alljährlich von den Komitatsbehörden angestellten Ermittelungen betrug die Zahl der Bienenstände in Ungarn im Jahre 1908 669865. Hiervon waren in Kästen 247244 und in Körben 422621 Stück.

Die Imkerei ist kein Haupterwerbszweig, sondern wird nur als Nebenzweig der Landwirtschaft betrieben. Die meisten Bienenstände zählen nur 60, 50 oder 25 Familien. Jedoch finden sich im Lande auch Bienenstände mit 1000, 600 oder 500 Bienenfamilien.

Der Gesamtertrag an Honig betrug im Jahre 1908 43834 dz.

Als Honig spendende Pflanzen sind besonders die folgenden zu erwähnen: Die Obstbäume, der Raps (Brassica napus), die Akazie (Robinia pseudoacacia), die Linde (Tilia), der Süßklee (Hedysarum obscurum), die Esparsette (Onobrychis sativa), der weiße Klee (Trifolium repens) und als die Herbsttracht sichernde Pflanze das Vusperkraut (Stachys recta).

Die nach den einzelnen größeren Honigtrachten eintretenden Pausen werden durch folgende Bäume, einjährige und ausdauernde Pflanzen ergänzt:

Die Phacelia (Phacelia tanacetifolia), die Issop (Hyssopus officinalis), die Salbeigattungen (Salvia), die japanische Akazie (Sophora japonica) und die Koelreuteria paniculata.

Der Honig wird im allgemeinen aus den Honigwaben mittels Schleudern entnommen. Schmelzhonig (warm gewonnen) und Preßhonig (kalt gewonnen) werden nur sehr selten erzeugt.

In den Verkehr werden die folgenden Honigsorten gebracht:

Frühjahrshonig, von dunkelroter Farbe.

Akazienhonig, von weißer und hellgelber Farbe.

Vusperkrauthonig, weiß.

Lindenhonig, dunkelbraun.

Herbstblumenhonig, dunkelgelb.

Akazien- und Lindenhonig kandieren sehr spät, Vusperkrauthonig wird dagegen bald fest und bildet dann eine weiße lockere Masse. Im allgemeinen kandieren auch die Frühjahrshonige sehr rasch. Zum Genuß sind Akazien-, Vusperkraut- und Kleehonig, sowie überhaupt die Herbsthonige die angenehmsten. Die Frühjahrshonige werden zumeist durch die Honigkuchen-Industrie in Anspruch genommen. Der Lindenhonig gelangt als Medizinalhonig in den Verkehr.

Die Honige erster Qualität, sowie die Akazien-, Linden- und Vusperkrauthonige werden mit Verpackung im Großhandel zum Preise von 104—120 Kronen für 1 dz, die übrigen zum Preise von 84—90 Kronen verkauft. Der Hauptausfuhrplatz ist Budapest. Die Ausfuhr ist nach Deutschland am größten, in die anderen Staaten Europas — die Staaten des Balkans miteingerechnet — wird $^1/_4$ der gesamten Ernte ausgeführt. Die Honigausfuhr nach Deutschland betrug im Jahre 1906 224 dz im Werte von 18368 Kronen, im Jahre 1907 199 dz im Werte von 16318 Kronen und im Jahre 1908 234 dz im Werte von 19773 Kronen.

Da Ungarn keine Kunsthonigfabriken besitzt und die Erzeuger sich mit der Fälschung des Honigs nicht befassen, wird nur ganz reiner Honig ausgeführt.

III. Rußland.

Die Ergebnisse einer von der Handels- und Industriezeitung[1]) veranstalteten Umfrage über den Stand der Bienenzucht in Rußland bezeugen ein wachsendes Interesse der ländlichen Bevölkerung an rationeller Honiggewinnung. Während die Bienenzucht früher meist nur nebenher und in primitivster Form betrieben wurde, hat sie sich in den letzten Jahren zu einem vollständigen und lohnenden Gewerbszweig entwickelt. Insbesondere ist dies in den Gouvernements Wjatka, Perm, Kasan und zum Teil in Kostroma und Kiew zu beobachten, wo die Technik bereits eine beachtenswerte Höhe erreicht hat. Eine große Anzahl von Gesellschaften für Bienenzucht, die fast in keinem Gouvernement fehlen, sorgt durch Vorlesungen und Spezialkurse für rationelle Unterweisung der Imker und zahlreiche Instruktoren geben Anleitung in sachgemäßen Zuchtmethoden. Schließlich bekundet auch die Regierung ihr Interesse an einer Erhaltung und Förderung der Bienenzucht durch die Unterstützung, die sie den von der Mißernte an Gräsern des Jahres 1911 schwer betroffenen Imkern durch Gewährung von Darlehen in Höhe von 100 000 Rbl. hat zuteil werden lassen. Dank dieser Maßnahmen dürfte die Honiggewinnung einen wesentlichen Aufschwung nehmen und bei um sich greifender Verbesserung der Technik, weniger unter den Einflüssen der Witterung zu leiden haben, die bisher ihre Erträgnisse stark beeinträchtigten. Hierzu gehören die zunehmende Abholzung der Wälder in Rußland, die fortschreitende Abnahme an Wiesen und Holzschlägen zu Gunsten des Ackerbaus, Krankheiten der Bienen, ungünstige Wetterverhältnisse und Mißernten usw.

Alsdann dürfte russischer Honig auch in größeren Mengen zur Ausfuhr gelangen und bei seiner im allgemeinen guten Beschaffenheit leichten Absatz finden. Nach der letzten bekannten Ziffer (für das Jahr 1910) betrug die Ausfuhr an Honig 1843 Pud[2]).

1. Im innern Rußland nimmt das Gouvernement Ufa, das einen Flächenraum von 103 678 Quadratwerst[3]) umfaßt, für die Honiggewinnung den ersten Platz ein. In dieser Provinz wurden im Jahre 1890 583 000 Schwärme gezählt. Demnach entfielen damals auf jede Quadratwerst 5,6 Schwärme, oder, an der Bevölkerung des Gouvernements gemessen, die sich auf 2 000 000 Seelen beziffern mag, auf je 100 Einwohner 28,7 Schwärme. Seit 1899 hat eine Zählung der Schwärme nicht mehr stattgefunden. Die folgenden Jahre brachten einen raschen Niedergang des Bienenbestandes. Ihren Grund hatte diese Erscheinung in der schlechten Qualität des 1899 gewonnenen Honigs (sogenannter Meltauhonig), die zur Folge hatte, daß sich die Zahl der Bienenstöcke Ende 1900 bis auf 273 658, also dem Vorjahr gegenüber um 53% verringerte. An dieses Unglücksjahr reihten sich alsdann eine ganze Anzahl mehr oder weniger günstiger Jahre, so daß gegenwärtig der einstige Betsand von etwa 583 000 Schwärmen wieder erreicht sein dürfte.

Rechnet man, daß jeder Bienenschwarm nur 10 Pfund[4]) Honig jährlich erzeugt,

---

[1]) Handels- und Industrie-Zeitung Nr. 3234 vom 11./24. Oktober 1912.
[2]) 1 Pud = 16,38 kg.
[3]) 1 Quadratwerst = 1,06 qkm.
[4]) 1 russisches Pfund = 409 g.

so gibt dies bei einer Schwarmanzahl von 583000 5830000 Pfund jährlich oder, in Puden[1]) ausgedrückt, 145750 Pud. Früher wurde bisweilen sogar bis $1^1/_2$ Pud, also das Sechsfache von einem Bienenschwarm geerntet. Im Jahre 1909 ist jedoch das Honigerträgnis ausnahmsweise gering gewesen, und man befürchtete, daß vielleicht wieder die Erscheinungen des Winters 1899/00 mit ihren Folgen eintreten könnten, nämlich ein massenhaftes Eingehen der Bienen.

Mit der. Honiggewinnung als Erwerbszweig befaßt sich im Gouvernement Ufa eine ganze Anzahl von Personen. In ihren Bienengärten werden oft mehrere Hunderte von Schwärmen in rahmenförmigen Stöcken gehalten. Größer ist jedoch diejenige Zahl der Bienenwirte, welche die Imkerei nur als Nebenbetrieb der Landwirtschaft auffassen. Ihre Bieneneinrichtungen müssen natürlich denjenigen der gewerbsmäßigen Imker nachstehen; sie sind bei weitem einfacher, statt der Rahmenstöcke werden primitive, in Stämme gehöhlte Stöcke benutzt.

Als Pflanzen, die für die Ernährung der Bienen in Frage kommen, sind zu nennen:

Ahorn, Weide (Salix pentandra und andere Weidenarten), verschiedene Doldengewächse, einige Kreuzblütler, Himbeere, Faulbeerbaum und der „König" der Honigpflanzen, die Linde. Daneben spielen noch eine Rolle Engelwurz (Archangelica officinalis), Klee, Schwarzkümmel (Carum carvi), Bärenklau (Heracleum sphondylium), Weiderich (Epilobium angustifolium), Johannisstrauch (Spiräa), wilder Majoran (Origanum vulgare), Klette, Donnerbart (Sedum telephium), Wermut, Ehrenpreis, wilder Pfirsich (Amygdalus), Winterraps (Brassica napus oleifera), Löwenmaul, Wiesenkönigin (Melilotus officinalis), Kornblume, Sonnenblume, Distel, Wolfsmilch, Hahnenfuß, Malve, Cyanenlilie, gelbe Wolfswurz und Buchweizen.

Künstliche Nahrung erhalten die Bienen nur in den gewerbsmäßigen Imkereien, aber auch dort nur als Notbehelf, um die Bienen vor Hunger zu schützen, wenn die natürlichen Honigvorräte aufgezehrt sind. Gewöhnlich wird Wabenhonig oder Schleuderhonig gegeben, selten Zuckersirup. Eine andere künstliche Ernährung findet nicht statt. Der Honig, den die jungen Bienen im Frühjahr sammeln, pflegt im allgemeinen bis zum Sommer, der Hauptzeit des Schwärmens der Bienen, auszureichen.

Von den Honigsorten wird vor allem Wabenhonig gewonnen, Schleuderhonig nur in Imkereien mit Rahmenstöcken. Die beste Sorte ist reiner Linden-Waben-Honig. Zum Verkauf gelangt dieser in Blechschachteln von 1 bis 5 Pfund Inhalt, welche die Aufschrift „Ufatischer aromatischer Linden-Waben-Honig" tragen.

Sonst wird der Honig vielfach zum Seihen in Wärmstuben gebracht, dort sortiert, geknetet und bis zu 30 Grad Réaumur erhitzt. Dann wird er auf Fäßchen gezogen und gelangt in den Handel unter dem Namen „Seih-Honig" oder „RohHonig".

Von diesem Seih-Honig wird manchmal ein Teil einer weiteren Behandlung unterzogen, nämlich pasteurisiert. Der Seih-Honig wird zunächst in Tongefäßen von

---

[1]) 1 Pud = 16,38 kg.

je 1 Pud bis 1½ Pud Inhalt in einem gut geheizten Ofen 10—12 Stunden lang erwärmt, dann wird er in Fäßchen aus Lindenholz umgefüllt und 5 bis 6 Monate in trockenen, gelüfteten Räumen aufbewahrt. Nach dieser Zeit tritt eine Kristallisierung ein, und es bildet sich ein körniger, graupenartiger Satz im Gegensatz zum Seih-Honig, der einen mehr öligen, mastixartigen Satz mit der Zeit absondert. Durch dieses Verfahren erlangt der Honig große Haltbarkeit. Er kann nunmehr lange aufbewahrt bleiben, ohne in Gefahr zu laufen, sauer zu werden.

Im Handel befinden sich folgende Honigsorten:

Reiner Lindenhonig, in Blechschachteln von 1—5 Pfund.

Schleuderhonig, und zwar verschiedene Sorten von der besten, dem weißen Lindenhonig an bis zum gelben und roten Buchweizenhonig. Dieser Honig wird gleichfalls in Blechschachteln zu 1 bis 5 Pfund oder in Lindenfäßchen zu 1 bis 2 Pud verkauft.

Seih-Honig in Lindenholzfäßchen zu 1 bis 2 Pud.

Pasteurisierter Honig in Lindenfäßchen zu 1 bis 2 Pud und darüber hinaus.

Gezahlt wurden im Jahre 1908 für besten Linden-Waben-Honig bis 16 Rubel das Pud (im Kleinverkauf kostet die Pfundschachtel bis zu 50 Kopeken), für Linden-Seih-Honig 10 Rubel das Pud, für pasteurisierten Honig 14 Rubel das Pud.

Eine Honigausfuhr findet von Ufa aus nicht statt, weil nach Angabe der Händler die Ware den darauf liegenden Zoll nicht verträgt. Hauptabsatzplätze sind die Residenzen St. Petersburg und Moskau.

Neben den genannten Naturhonigarten stellt man auch künstlichen Honig her, und zwar 2 Sorten, eine bessere zu 5,50 Rubel das Pud aus Zucker und Honig, und eine geringere zu 4,50 Rubel das Pud aus Sirup und Honig. In den Handel gelangt dieses Präparat unter dem Namen „Künstlicher Honig". Bei der noch nicht genügend ausgebildeten russischen Nahrungsmittel-Gesetzgebung wird die Verfälschung reinen Naturhonigs mit Kunsthonig nicht bestraft.

In Kunsthonig beschränkt sich der Absatz auf das örtliche Bedürfnis. Diese Ware soll fast in allen Städten und Handelsplätzen hergestellt werden; die genaue Darstellungsweise ist das Geheimnis der Fabrikanten.

2. In Polen gibt es nur wenig größere Bienenzüchtereien. Die Honiggewinnung bildet meist nur einen Nebenzweig ländlicher Betriebe oder sie wird aus Liebhaberei von Privatpersonen betrieben, die sich auch mit dem Handel befassen. Züchtereien von mehreren hundert Stöcken, wie sie in Podolien und Wolhynien vorkommen, sind in Polen selten. Häufiger sind kleinere Züchtereien mit bis zu 50 Stöcken.

Für die Ernährung der Bienen kommen von Ackerpflanzen hauptsächlich die Blüten von weißem und schwedischem Klee, Serradella, Winterraps, Esparsette, Buchweizen und Luzerne in Betracht; ferner die Blüten aller Obstbäume, der Linden, Kastanien, weißen Akazien, Haselnuß, Weiden, Ulmen und Ahorn.

Im Herbst wird den Bienen nach Bedarf Zuckersirup und Honig als Zusatzfutter gegeben; andere Siruparten sind bisher nicht verwendet worden.

Die Honiggewinnung geschieht meist durch Ausschleudern; durch Schmelzen wird in Polen weniger Honig gewonnen. Letztere Art der Gewinnung soll dagegen in Podolien und Wolhynien, wo noch Bienenstöcke älterer Systeme im Betriebe sind, sehr gebräuchlich sein. Der Honig wird entweder in seinem ursprünglichen Zustand mit den Waben in Fässer verpackt oder gereinigt versandt. Eine besondere Behandlung des Honigs für die Ausfuhr findet in beiden Fällen nicht statt.

Es werden folgende Honigsorten unterschieden: Scheibenhonig, Schleuderhonig, geschmolzener und sogen. geschlagener Honig. Schleuderhonig wird im Handel als Linden-, Akazien-, Klee- und Rapshonig unterschieden. Diese Honigsorten sind von weißer oder hellgelber Farbe; dunkel oder braun sind Buchweizen- und Heidekrauthonig; diese haben den stärksten Geruch, während die Besonderheit der ersten Sorten mehr im Geschmack liegt. Der zum Handel fertige Honig ist kurz nach der Gewinnung gewöhnlich dünn und flüssig, kristallisiert aber mit der Zeit. Der helle Honig kostet 4—5 Rubel auf 1 Pud mehr als der dunkle Honig, zu dem auch der sogen. Abfallhonig zählt, der in einigen Gegenden in größeren Mengen gesammelt wird und viel Rohrzucker enthält.

Feste Preise gibt es im Großhandel nicht. Der Honig wird von den Erzeugern partienweise gemustert und freibleibend angeboten. Die Preise bewegen sich für Schleuderhonig zwischen 10 und 12 Rubel, für dunklen und Abfallhonig zwischen 6 und 8 Rubel für das Pud ab Warschau. Besondere Handelsplätze für Honig gibt es nicht. In erster Reihe als Ausfuhrplatz dürfte Warschau stehen, obwohl der meiste Honig aus Lublin und Siedlec kommt. Im allgemeinen wird im Gouvernement Warschau der beste Honig hergestellt.

Kunsthonig wird in Polen nicht hergestellt, dagegen kommen Verfälschungen des Bienenhonigs durch Zusatz von gemahlenen Erbsen, Schwerspat, Kreide, Kartoffelsirup vor.

Gesetzliche Vorschriften über den Verkehr mit Honig bestehen nicht; Honig ist nur den allgemeinen polizeilichen Vorschriften über den Verkauf von Nahrungsmitteln unterworfen, wonach Fälschungen bestraft werden.

3. Im Amtsbezirk des Kaiserlichen Konsulats zu Kiew hat angesichts der wachsenden Nachfrage in den letzten Jahren die Honiggewinnung rasch zugenommen und gehört zu den einträglichsten Nebenzweigen der Landwirtschaft. Der Bienenzucht widmen sich hauptsächlich Bauern, ferner Geistliche, Dorfschullehrer und Gutsbesitzer, letztere vielfach als Liebhaber. Klöster betreiben die Bienenzucht der Wachsgewinnung wegen. Die veralteten Klotzbauten, die hier nur noch bei Bauern Anwendung finden, werden immer mehr durch Rahmenstöcke ersetzt. Es gibt im Amtsbezirke auch mehrere Musterbienenwirtschaften, unter anderen die der landwirtschaftlichen Schule in Uman (Gouv. Kiew), des Grafen Robrinsky in Smela (Gouv. Kiew), des Grafen Heiden im Gouv. Podolien u. a.

Für die Ernährung der Bienen kommen hauptsächlich Buchweizen, Linden und Akazien, weniger Obstbäume, Kleesaaten, Raps und dgl. in Betracht.

Künstliche Nahrung wird den Bienen im Frühjahr nach einer mangelhaften Überwinterung in Form von aufgelöstem Zucker gereicht.

Die Honiggewinnung geschieht durch Ausschleudern mittels der Schleudermaschine. Die Gewinnung von Honig durch Erwärmen der Waben ist hier nicht bekannt.

Die Sorten von Honig werden hier als Buchweizen-, Linden- und Akazienhonig bezeichnet. Der Farbe nach ist der erste dunkel, der zweite heller (mehr weißlich) und der dritte hellgelb. Der Geruch und Geschmack hängt von den betreffenden Pflanzen ab. Der von Bauern erzeugte Honig ist größtenteils von unbestimmter Farbe und stammt von verschiedenen Pflanzen.

Der Preis der Honige ist verschieden. Schlechtere Sorten, darunter auch Buchweizenhonig werden zum Preise von 4—5 Rubel, Linden- und Akazienhonig zu 7—9 Rubel das Pud von den Erzeugern an Zwischenhändler abgesetzt. Die beste Sorte wird aus dem Gouvernement Ufa zum Preise von 11 bis 12 Rubel das Pud bezogen.

Die Bienenzüchter befassen sich nicht mit der Ausfuhr ihres Honigs nach dem Auslande, es sei denn, daß Zwischenhändler kleinere Posten ausführen.

Kunsthonig wird im Amtsbezirk nicht hergestellt, weil es hier an Honig nicht fehlt und Zucker verhältnismäßig teurer zu stehen kommt.

Gesetzliche Vorschriften für den Verkehr mit Honig bestehen nicht. Grundsätze für die Beurteilung des Honigs sind gleichfalls nicht aufgestellt worden.

4. Im Amtsbezirk des Generalkonsulats St. Petersburg wird die Bienenzüchterei nicht in bedeutendem Umfange betrieben. In Petersburg kommt unter anderem Honig zum Verkauf, der im Tianschangebirge gewonnen wird. Er kostet 11 Rubel für 1 Pud, im Kleinhandel wird er mit 45 Kop. für 1 russisches Pfund verkauft. Nach Aussage der Hersteller dieses Honigs sei es nicht möglich, zu diesem Preise eine Ausfuhr nach Deutschland zu ermöglichen. Soweit ermittelt werden konnte, wird auch aus Petersburg Honig nach Deutschland nicht ausgeführt, vielmehr nur aus den polnischen und den der russischen Grenze nahegelegenen südrussischen Gouvernements.

IV. Italien.

Von altersher bekannt ist die Honiggewinnung der Hybleischen Berge in Sizilien; diese zeichnen sich auch heute noch durch ihren Reichtum an wilden Bienenschwärmen aus, die in natürlichen Höhlungen, alten Baumstämmen und zwischen Felsspalten sich einnisten. In der Gegend des alten Megara Hyblea, zwischen dem heutigen Augusta und der Gegend von Modica ist eine reiche Vegetation wohlriechender Pflanzen, namentlich auch von Thymian (sizilianisch Saturedda), welche diesen Bienenschwärmen zur Nahrung dient. Weiter findet in allen Teilen der Insel Sizilien, in denen Limonen- und Orangen-Kultur sich angesiedelt hat, eine verhältnismäßig reiche Honiggewinnung statt. Das trifft auch auf die sonstigen Agrumengebiete Süditaliens zu. In den Bergen und Wäldern der Abruzzen ist noch viel wilder Honig anzutreffen, einzelne Teile dieser Gegend, so die Provinz Teramo, besitzen auch eine geregelte Honigerzeugung. Als Gebiet emsig betriebener Honigerzeugung gelten die Marken und die Romagna, auch in der Paduanischen Ebene und im Piemontesischen trifft man in den Bauernhöfen eine primitive Honiggewinnung fast durchweg an. Das gleiche ist für die Gebiete von Umbrien und Toscana zutreffend. An der Riviera und in den bergigen Gebieten am Südabhange der Alpen soll die Honiggewinnung ziemlich verbreitet sein. Die Art der Gewinnung ist aber durchweg eine ziemlich primitive.

Statistische Angaben über den Gesamtertrag an Honig in Italien liegen nicht vor. Nach Angaben einer bekannten Exportfirma dürfte die Gesamterzeugung Siziliens schwerlich 100 Tonnen (1000 dz) übertreffen. Die Gesamthonigerzeugung Italiens wird von dem Verein der Bienenzüchter in Italien auf 2—3000 dz geschätzt. Indessen ist diese Schätzung wohl sehr mit Vorsicht aufzunehmen. Schon die Ziffern der Ausfuhr an italienischem Honig erreichen in einzelnen Jahren einen höheren als den angegebenen Betrag. Die Ausfuhr betrug in den Jahren:

$$
\begin{array}{ll}
1906 \ldots\ldots & 2059 \text{ dz} \\
1907 \ldots\ldots & 3356 \text{ „} \\
1908 \ldots\ldots & 2683 \text{ „}
\end{array}
$$

Dem steht gegenüber eine Einfuhr von

$$
\begin{array}{ll}
1906 \ldots\ldots & 104 \text{ „} \\
1907 \ldots\ldots & 305 \text{ „} \\
1908 \ldots\ldots & 500 \text{ „}
\end{array}
$$

Wollte man die geschätzte Erzeugungsziffer als richtig ansehen, so wäre man genötigt — wenigstens für einzelne Jahre — der Annahme zuzuneigen, daß die gesamte in Italien erzeugte Honigmenge zur Ausfuhr gelange, während man für den eigenen Verbrauch Honig einführe.

Die Honiggewinnung ist, von ganz wenigen Ausnahmen abgesehen, Gegenstand des Nebenbetriebes. Der in den bäuerlichen Betrieben gewonnene Honig wird von Händlern aufgekauft, meist in der ganz rohen Form der mit Honig gefüllten Waben. Nur wenige größere Erzeuger in der Romagna, in den Marken, im Valtellin, sind direkte Abgeber; diese wenden der Honiggewinnung auch alle gebotene Sorgfalt zu.

Für die Ernährung der Bienen zur Honiggewinnung kommen zahlreiche Pflanzen in Betracht. Jahreszeit und Örtlichkeit sind hierfür bestimmend. Die Flora Italiens ist reich, aber wechselnd in den verschiedenen Gegenden. Die verschieden-artigsten Leguminosen, Sullah, Crocetta (Eisen- oder Kreuzkraut), Luzerne, Ladinerklee, Inkarnatklee, Akazien, Linden, die Agrumengewächse (Limonen, Orangen) bilden nach der Zone und nach Jahreszeit die vorwiegende Ernährung. So kann man in den Marken und der Romagna vorwiegend die Klee- und Luzernenarten, in Sizilien vorwiegend die Agrumengewächse und die Sullahpflanzen, in den bergigen und mit Gehölzen bedeckten Gegenden Akazien und Linden als Grundstock der Ernährung ansehen.

Eine künstliche Ernährung der Bienen findet nicht statt. Die Darbietung von Zuckerpräparaten wäre angesichts der italienischen Zuckerpreise völlig unwirtschaftlich. Es liegt aber auch ein Anlaß zur künstlichen Ernährung nicht vor, weil der Pflanzen-wuchs an der Westküste und im ganzen Süden wie in Sizilien nur für kurze Dauer ganz ruht. In den Abruzzen, in Umbrien und in Oberitalien besteht bei den kleinen Bauern vielfach noch das Verfahren, daß man den Schwarm nach vollendeter Honigernte tötet, die Waben dem Stock entnimmt und im kommenden Frühjahr Wildschwärme einfängt. Dort, wo man der Honiggewinnung mehr Sorgfalt zuwendet, läßt man einen Teil des Honigvorrates als Bienennahrung zurück.

Für die Honiggewinnung finden die Verfahren des Ausschleuderns und Auspressens Anwendung. Erwärmen und Abseihen ist nicht bekannt, wohl aber einfaches Ablaufenlassen des Honigs aus den Waben. Die Verwendung der Schleuder ist bei den größeren Erzeugern und bei den Händlern, welche sich der Ausfuhr von Honig widmen, durchaus bekannt. Dagegen wird ein besonderes Reinigungsverfahren für den geschleuderten Honig nicht angewandt. Zur Ausfuhr kommt ausschließlich geschleuderter Honig, der unmittelbar nach der Ernte flüssig und durchsichtig, später körnig erscheint.

Man unterscheidet im Handel nach der Art der Gewinnung geschleuderte und ausgepreßte Honige. Die geschleuderten sind wieder in weiße, hellgelbe und dunkelgelbe Sorten geschieden; die ausgepreßten Honige sind stets dunkelgelb und unrein.

Als bekannte und beliebte Sorten gelten der Orangenhonig (fiori d'arancio) und der Honig der Monti Hyblei (Sizilien), Akazienhonig, der Honig der Marken, Honig vom Monte Rosa und aus dem Veltlin (Bormio), Honig von Pragelato (Provinz Turin), Honig von Teramo (Abruzzen).

Von seiten der Generaldirektion der Steuern und Zölle wird als Grundpreis für die Bewertung der Einfuhr und Ausfuhr 75 Lire für 1 dz angenommen. Nach anderen Angaben werden für geschleuderten Ausfuhrhonig 85—90 Lire für 1 dz bezahlt; bei sizilianischem Honig werden 70—80 Lire für das rohe Erzeugnis und für den gut geschleuderten und zur Ausfuhr bestimmten Honig bester Qualität bis 150 Lire auf 1 dz angelegt.

Als Hauptausfuhrplätze kommen für sizilianischen Honig wohl wesentlich Palermo und Catania (früher auch Messina) in Betracht. Für das übrige Italien sind Neapel und Genua zu nennen. Ein regelmäßiger Honigmarkt scheint in Bologna zu bestehen, von wo aus regelmäßige Preisnotierungen verbreitet werden. Als Bestimmungsplätze sind besonders Hamburg, Berlin und München zu nennen.

Kunsthonig wird in Italien nicht hergestellt. Bei den hohen Zuckerpreisen wäre dessen Herstellung nicht gewinnbringend.

Besondere gesetzliche Vorschriften für den Verkehr mit Honig bestehen in Italien nicht. Wie alle Nahrungsmittel fällt auch der Honig unter die Vorschriften des Sanitätsgesetzes, welche sich auf Fälschungen usw. beziehen. Die Käufer müssen sich über Ursprung und Reinheit selbst Gewißheit verschaffen; Gefahr liegt aber auf diesem Gebiet nicht vor, weil Fälschungen und künstliche Nachahmungen unwirtschaftlich sein würden.

V. Spanien.

Über die Zahl der Imkereibetriebe und der Bienenstöcke in Spanien liegen einigermaßen zuverlässige statistische Angaben nicht vor. Ein in den einschlägigen

Fragen bewandertes Mitglied des Hauptvereins der Bienenzüchter, welches bestrebt ist, den spanischen Bauern die Grundbegriffe einer sachgemäßen Bienenzucht beizubringen und das Interesse an diesem Erwerbszweig soweit zu steigern, daß die Einrichtung von Imkereibetrieben in größerem Maßstabe möglich wird, schätzt die Zahl der Bienenzüchter in Spanien auf etwa 5—6000 mit 15—18000 Bienenstöcken.

Der Gesamtertrag an Honig ist beim Fehlen jeglicher Unterlage gleichfalls nur ungefähr zu schätzen. So wird der Gesamtertrag einer guten Jahresernte in der honigreichen Gegend von Valencia von einem bekannten Bienenzüchter in Castellon auf etwa 12 500 kg angegeben. Etwa 25 000 kg dürften in Aragonien, je ebensoviel in den Provinzen Guadalajara, Cuenca, Castellon, Alicante, Catalonien und den beiden Castilien, an 40 000 kg und mehr in Murcia, Estremadura, Galicien und den nordwestlichen Provinzen zusammen, und 60 bis 100 000 kg in Andalusien geerntet werden.

Ein bedeutender Honighändler in Tortosa (Prov. Tarragona) schätzt den Gesamtertrag einer guten Jahresernte an Honig auf 5—600 000 kg, was nach den sonst vorliegenden Mitteilungen eher zu hoch als zu niedrig gegriffen sein dürfte. In Jahren mit ungünstiger oder gar schlechter Witterung sinkt die Ernte leicht auf die Hälfte oder gar auf ein Viertel der angegebenen Menge herab.

Eine Honiggewinnung im großen kommt nur ganz vereinzelt, d. h. dort vor, wo ein Bienenzüchter einen mit den neuesten Hilfsmitteln ausgerüsteten Imkereibetrieb besitzt und die Honiggewinnung zum Erwerb betreibt, wie in den Gegenden von Valencia, Castellon, Alicante, und in geringerem Umfange in Aragon und Catalonien. Im allgemeinen wird die Bienenhaltung nur nebenher betrieben. Die Bienenstöcke werden von den Bauern mit den einfachsten Hilfsmitteln, einem ausgehöhlten Baumstamm, aus Korkplatten usw. meist selbst hergestellt, und ein Bauer besitzt selten mehr als 2—3 wenig geräumige Stöcke. Die allmähliche Umwandlung der primitiven Vorrichtungen in zeitgemäße nimmt langsam aber stetig zu und damit auch die Menge der erzeugten Ware. Bis jetzt wird fast die gesamte Masse des in Spanien geernteten Honigs im Lande selbst verzehrt und zwar meist an Ort und Stelle vom Erzeuger und seiner Familie. In der Umgegend größerer Städte wird der Überschuß von umherziehenden Händlern aufgekauft, die ihn dann in der Stadt, durcheinandergemischt und, falls erforderlich, nach vorgängiger Reinigung, weiter verkaufen.

Der Großhandelspreis beträgt für die gewöhnlichen Sorten je nach der mehr oder minder großen Reinheit 70—85 Pesetas[1]) für 1 dz; ganz reine und klare Ware bringt 85—100 Pesetas für 1 dz. In den Verkaufsgeschäften wird der Honig gereinigt und fast ausschließlich in hübschen und sauberen, $^3/_8$—1 kg fassenden Glasgefäßen unter irgend einer Marke, meist auch mit einer Herkunftsbezeichnung, unter Aufschlag von etwa 50 % auf die Großhandelspreise feilgehalten. Doch bringen auch die Bauern aus der Umgegend der Städte den gewöhnlichen Honig, meist nicht besonders gereinigt, in großen Steinkrügen, je etwa 25—40 kg fassend, auf die Marktplätze, wo er in beliebigen Mengen ausgewogen wird.

---

[1]) 1 Peseta = 0,81 M.

Die Stadt Barcelona erhebt neuerdings für den eingebrachten Honig eine Verbrauchssteuer von 10 Pes. für 1 dz. In Valencia beträgt diese nach Mitteilung des dortigen Konsulats 25 Pes. für die gleiche Menge.

Für die Ernährung der Bienen kommen außerordentlich zahlreiche Pflanzen in Betracht. Insgesamt sind 652 honigführende Pflanzen und Bäume auf der iberischen Halbinsel gezählt worden. Folgende Pflanzenfamilien, die von den Bienen beflogen werden, sind zu nennen: Aceraceen, Amaryllidaceen, Amygdaleen, Araliaceen, Asclepiadaceen, Aurantiaceen, Berberidaceen, Betulaceen, Borraginaceen, Cactaceen, Campanulaceen, Caprifoliaceen, Cariofilaceen, Celastraceen, Cistaceen, Compositen, Coniferen, Convolvulaceen, Cornaceen, Crassulaceen, Cruciferen, Cucurbitaceen, Cupuliferen, Dipsaceen, Elaeagnaceen, Ericaceen, Euphorbiaceen, Fumariaceen, Geraniaceen, Hippocastanaceen, Iridaceen, Philadelphaceen, Labiaten, Leguminosen, Liliaceen, Malvaceen, Oleaceen, Papaveraceen, Papilionaceen, Polygonaceen, Pomaceen, Primulaceen, Ramnaceen, Ranunculaceen, Rosaceen, Salicineen, Tiliaceen, Ulmaceen, Umbelliferen, Violaceen.

Die erstaunlich hohe Zahl der Honig liefernden Pflanzen läßt, unter Berücksichtigung der überaus günstigen klimatischen Verhältnisse des Landes, die Halbinsel als für die Bienenzucht im hohen Grade geeignet erscheinen. Dasselbe gilt für die zu Spanien gehörigen Balearischen Inseln, insbesondere für Mallorca und Menorca, welche erstklassigen Honig in sehr reichlichen Mengen hervorbringen.

In trockener Jahreszeit oder bei ungünstiger Witterung erhalten die Bienen eine künstliche Nahrung in Form von Zuckerpräparaten, auch sollen in einzelnen Gegenden (wie z. B. in der Umgend von Valencia) getrocknete Kräuter zur Verwendung kommen. Doch ist zu bemerken, daß die künstliche Ernährung der Bienen nur vereinzelt gehandhabt und systematisch wohl nur in größeren Imkereibetrieben angewendet wird.

Die Art der Honiggewinnung ist verschieden:

a) Das Ausschleudern der Waben mittels eines einfachen Apparats ist nur dort in Übung, wo schon Bienenstöcke und häuser mit beweglichen natürlichen oder künstlichen Waben vorhanden sind, wie in den Provinzen Catalonien, Aragon und Alicante. Dieses Verfahren ist daher bei der bis jetzt nur geringen Verbreitung dieses modernen Hilfsmittels noch recht selten.

b) In den weitaus meisten Fällen preßt der Bauer mit der Fruchtpresse die Waben aus. Der so erzeugte Honig ist naturgemäß ziemlich unrein und enthält besonders viel Zellenteile, er dient aber auch fast ausschließlich für den Hausgebrauch und kommt kaum in den Handel. Für letzteren Zweck wird die Ware vom Großhändler einer Reinigung, in der Hauptsache durch nachträgliches Ausschleudern, unterworfen und fast immer mit anderem Honig, besonders solchem mit hellerer Farbe, vermischt, um ihm einen guten Geschmack, ein besonderes Aroma und eine einheitliche Farbe zu verleihen.

c) Das Erwärmen der Waben und Auffangen des herausfließenden Honigs ist gleichfalls in einigen Gegenden in Übung; beim Verkauf wird mit dem etwa nicht ganz reinen Honig wie vorstehend angegeben verfahren.

Mit dem zur Ausfuhr gelangenden Honig wird wie mit dem zum Verkauf in den Städten bestimmten verfahren, doch befindet sich der Honig, abgesehen von etwaiger Vermischung mit anderen Sorten, in seinem natürlichen Zustand.

Es werden in Spanien zahlreiche Honigsorten unterschieden, die ihren Namen meist von den Pflanzen herleiten, die den Bienen in der Hauptsache zur Einbringung des Honigs gedient haben; sie sind demnach in den einzelnen Landesteilen verschieden. Von den landläufigsten Bezeichnungen seien folgende wiedergegeben:

a) Romero = Rosmarin; in ganz Spanien vorkommend und auch als allgemeine Bezeichnung für feine, erstklassige Ware gebraucht, dient in den südlichen Provinzen außer als Nahrungsmittel in seinem natürlichen Zustande besonders zur Bereitung des „Turron", eines marzipanähnlichen Gebäcks, welches vorzugsweise zur Weihnachtszeit zum Verkauf und in großen Mengen nicht nur nach dem Norden Spaniens, sondern auch nach auswärts zur Versendung gelangt. An erster Stelle genannt und gerühmt wegen ihrer Turronbereitung ist die Stadt Gojona in der Provinz Alicante, sowie ferner Cadiz.

Der Romerohonig, wie im übrigen auch die nachgenannten anderen Sorten, kommt sehr hell, fast weiß und durchscheinend vor, jedoch auch in Farbenabstufungen von gelb bis zu dunkelorange. Die Bezeichnung nach der Pflanze deutet zugleich das Aroma an, welches bei guten Sorten sehr ausgeprägt ist. Der Geschmack der besseren Sorten ist zart und überaus angenehm. Die Konsistenz ist verschieden und richtet sich nach dem Grad der Reinheit, nach dem Klima und der Jahreszeit. Die Schleuderhonige sind oft recht flüssig; die durch Pressen der Waben gewonnenen in der Regel fester und körniger. Im Winter oder an kalten Orten aufbewahrt, verdickt sich der Honig, oft bis zum völligen Festwerden; desgleichen auch mit dem Alter. Einjähriger Honig ist schon undurchsichtig und erreicht, je nach der Sorte, eine mehr oder minder große Härte. Die Aufbewahrung im Sommer ist nur an kühlen trockenen Orten ratsam, da der Honig bei andauernder großer Hitze leicht in Gärung übergeht.

b) Azahar = Orangenblütenhonig, hauptsächlich in den Küstengegenden von Castellon, Valencia und Alicante vorkommend, von wundervollem Aroma, schöner durchsichtiger Farbe und prachtvollem Geschmack.

c) und d) Espliego = Lavendelhonig, und Tomillo = Thymianhonig, sind gute, aromatische, weit verbreitete Sorten, die vielfach mit Romero vermischt in den Handel kommen. Ihre Farbe ist im allgemeinen dunkler, etwa bernstein- bis ockergelb.

e—g) Cart panical = Radendistelhonig, Sapell = Heidekrauthonig, Pino = Fichtenhonig, sind geringere Sorten, die man gern mit den vorerwähnten anderen vermischt.

h—k) Algarrobo = Johannisbrotbaumhonig, Castano = Kastanienhonig, Corcho = gewöhnliche Sorte (nach den aus Korkplatten gefertigten Bienenstöcken so bezeichnet), sind geringerwertige Sorten, die unvermischt nicht und sonst überhaupt nur selten im Handel zu haben sind.

Der Preis der zur Ausfuhr gelangenden Honigsorten ist im allgemeinen derselbe, wie für den Großhandel bereits angegeben (S. 14). Eine geregelte Ausfuhr

im großen findet bis jetzt nicht statt; einzelne Bienenzüchter des Landes senden ihren überschüssigen Honig besonders nach Nordafrika; kleinere Mengen werden nach Frankreich versandt und sollen hie und da nach Hamburg gehen und dort gute Preise erzielen.

Nach der amtlichen Statistik der Generalzolldirektionen in Madrid betrug die spanische Ausfuhr im Jahre 1907 insgesamt nur 19 457 kg im Werte von 15 566 Pesetas, wobei der dz zu 80 Pes. durchschnittlich angenommen ist. Von dieser Menge sind nach Deutschland nur 5 kg im Werte von 4 Pes. gelangt. Die Hauptausfuhr erstreckte sich auf Algier mit 14 643 kg im Werte von 11 634 Pes., dann folgt Frankreich mit 1184 kg. Nach den vorläufig für 1908 mitgeteilten Zahlen hat die Gesamtausfuhr an Honig während dieses Jahres nur 14 782 kg im Werte von 11 826 Pes. betragen.

Soweit nach dem vorstehenden von einer Ausfuhr zu reden ist, und soweit sich feststellen ließ, findet eine solche in erster Linie von Castellon, Valencia, Alicante und Cadiz aus statt.

Eine nennenswerte Einfuhr an Honig nach Spanien findet nicht statt.

Kunsthonig ist in Spanien unbekannt. Bei den sehr hohen Zuckerpreisen (1 dz etwa 115 Pes.), welche die Durchschnittspreise für reinen Naturhonig (1 dz etwa 80 Pes.) um 40 % übersteigen, ist der Ersatz des Honigs durch Zuckerpräparate so gut wie ausgeschlossen. Wenn der naturreine Honig überhaupt irgend welchen Zusatz erhält, so könnte dies nur bei dem Kleinhändler geschehen. In größerem Maßstabe soll derartiges nie beobachtet worden sein.

Besondere gesetzliche Vorschriften für den Verkehr mit Honig bestehen zurzeit nicht[1]). Doch dürften die Vorschriften der Artikel 356, 357 und 547, ev. 592 und 595 des spanischen Codigo penal, welche die Vergehen gegen die Gesundheit behandeln und sich auf den Verkauf aller Lebensmittel (in erster Linie auf den Verkehr mit Fleisch) beziehen, natur- und sinngemäß auch auf den Verkehr mit Honig auszudehnen sein.

Überwachung der Märkte usw. ist verschiedentlich, die strenge Verfolgung der vorbezeichneten Vergehen zuletzt durch ein Rundschreiben der Staatsanwaltschaft des Obersten Gerichtshofes in Madrid in Ausführung einer Königlichen Verordnung vom 16. August 1906 (Gaceta de Madrid vom 17. August 1906) angeordnet worden.

VI. Portugal.

Die Bienenzucht, die in früheren Jahren ein blühendes Gewerbe war, hat in den letzten Jahrzehnten viel von ihrer Bedeutung verloren. Statistische Angaben über die Zahl der Imkereibetriebe und der Bienenstöcke liegen nicht vor, ebensowenig über den Gesamtertrag an Honig; aus der Ausfuhrstatistik ist aber zu ersehen, daß die

---

[1]) Nach einer neueren Kgl. Verordnung, betr. die Verhütung der Verfälschung von Nahrungsmitteln vom 22. Dezember 1908 (Gaceta de Madrid S. 1182) darf unter der Bezeichnung Honig (Miel) nur der Stoff zugelassen werden, den die Bienen erzeugen, indem sie die zuckerhaltigen Säfte, die sie aus den Blüten und anderen Teilen von Pflanzen sammeln, umwandeln.

Der reine Bienenhonig darf als zulässige Höchstmengen enthalten: 20 % Wasser, 0,3 bis 0,8 % mineralische Stoffe, 1 bis 8 % Saccharose, 65—77 % Invertzucker, 1,4 bis 8 % verschiedene Dextrine und 0,04 bis 0,18 % Säure, als Ameisensäure berechnet.

Ausfuhr an Honig von Jahr zu Jahr zurückgeht. Im Jahre 1872 betrug die Ausfuhr noch 500 Tonnen, seitdem ist sie aber stetig zurückgegangen, so daß im Jahre 1907 nur noch 500 kg ausgeführt wurden. Heute wird die Honiggewinnung nur noch als Nebenzweig der Landwirtschaft betrieben.

Eine künstliche Ernährung der Bienen ist ganz unbekannt und auch wohl nicht erforderlich, da die reiche Flora Portugals den Bienen ausreichende Nahrung gewährt. Als Pflanzen, die zu ihrer Ernährung dienen, kommen hauptsächlich in Betracht Heidekraut, Rosmarin, Zistenröschen und Stechginster. Die beiden letzteren Pflanzen wachsen besonders in den südlichen Provinzen in großer Menge. Außerdem aber liefern die Feigen durch den süßen Saft, den sie ausschwitzen, den Bienen ein willkommenes Futter.

Die Honiggewinnung geschieht im allgemeinen noch auf die primitivste Art durch Auspressen der Waben. Einer besonderen Reinigung wird der Honig nicht unterworfen. Ein einziger größerer Landwirt hat vor kurzem angefangen, eine Zentrifuge zum Ausschleudern des Honigs zu verwenden.

Obgleich der Honig nicht immer gleich ausfällt und an Farbe und Geschmack Verschiedenheiten aufweist, so macht man doch für die Bewertung und den Verkauf keinen Unterschied. Nur der neuerdings in den Handel gekommene Schleuderhonig wird zum Unterschied von dem gewöhnlichen als „Mel centrifugado" verkauft und besser bezahlt.

Der Preis für den gewöhnlichen Honig beträgt 130 Reis[1]) das kg, Schleuderhonig kostet etwa 300 Reis das kg.

Zuckerpräparate als Ersatz für Honig kennt man nicht, schon aus dem Grunde, weil der Zucker teurer ist als Honig. Als für den Honig noch bessere Preise bezahlt wurden, wurde ihm zuweilen Sirup zugesetzt, doch soll auch dies heute nicht mehr der Mühe wert sein.

Gesetzliche Vorschriften für den Verkehr mit Honig und Grundsätze für seine Beurteilung bestehen in Portugal nicht.

VII. Griechenland.

Die Anzahl der Bienenstöcke in Griechenland betrug im Jahre 1903 201 314; die Zahl der Imker 13 000. Diese Zählung wurde von der Griechischen landwirtschaftlichen Gesellschaft veranlaßt und durch die Volksschullehrer ausgeführt.

Der Gesamtertrag an Honig schwankt von 1 000 000 bis 1 200 000 Oka[2]), kann jedoch in guten Blütenjahren noch höher ausfallen.

Die Bienenzucht wird hauptsächlich von ländlichen Pflanzern betrieben. Seit einigen Jahren widmen sich viele Gelehrte und wissenschaftlich gebildete Grundbesitzer mit Eifer der modernen Bienenzucht und legen wissenschaftliche Imkereibetriebe an.

Für die Ernährung der Bienen kommt hauptsächlich Thymian in Betracht, von dem der aromatische Honig herstammt. Auch die Blüten der Obstbäume und einige wildwachsende, wohlriechende Jahresgewächse liefern aromatischen Honig.

---

[1]) 1 portugiesischer Milreis = 1000 Reis = 4,54 M.
[2]) 1 Oka = 1,28 kg.

Den Bienen wird künstliche Nahrung, bestehend aus kondensiertem Most (petmest) oder aus Rosinensirup (stafidini) oder gewöhnlichem Honig, gegeben, wenn die Bienen schwach sind, oder wenn andauernde Trockenheit herrscht. In vielen Provinzen, wo die Pflanzenblüte eine dauernde ist, findet keine künstliche Ernährung statt, da die Bienen 11 Monate im Jahr arbeiten.

Der Honig wird auf zweierlei Art gewonnen, und zwar bei den älteren Bienenstöcken (Körben, Baumstämmen, Tongefäßen usw.) durch Auspressen; bei den neueren hölzernen Bienenhäusern mit beweglichen Waben unter Verwendung des Schleuderapparats (extracteur).

Es gibt noch eine andere Art der Honiggewinnung, nämlich durch Abtropfen; aber diese Methode wendet man seltener an, man gebraucht dieses Mittel nur ausnahmsweise im Frühling, wo der Honig ganz klar ist.

Nachdem der Honig durch Auspressen oder durch andere Mittel aus den Waben herausgezogen ist, seihen ihn die Bauern durch ein grobes Leinentuch (linatsa) und reinigen ihn; andere, die fortschrittlicher sind, benutzen einen besonderen Filtrierapparat. Nach dieser Reinigung bringt man den Honig in einen Krug oder in große Tongefäße; darin klärt sich der Honig. Dann schäumt der Imker ihn ab, und nach Verlauf von zwei Monaten ist der Honig klar.

Es werden von Honigsorten unterschieden:

a) Honig, welcher aus Bienenstöcken mit beweglichen Rahmen stammt und durch den Schleuderapparat gewonnen wird;

b) Honig, der aus Körben usw. stammt und durch Auspressen gewonnen wird;

c) als besondere Sorte Herbsthonig, der von Heidekraut, von der Sandbeere (Kumari) usw. herrührt.

Honig von Bienenstöcken mit künstlichem Rahmen ist durchsichtig und von goldiger Farbe, während derjenige aus den Korbstöcken sehr dickflüssig, farblos und sehr aromatisch ist, so daß er einen beißenden, schweren Geruch entwickelt.

Die Farbe, das Aroma und die Konsistenz des Honigs sind nach den Örtlichkeiten verschieden.

Der Preis des Honigs hängt von der Art seiner Gewinnung, von den Pflanzen, von denen die Bienen sich nähren, und im allgemeinen von seiner Zurichtung für den Handel ab.

Der gute Honig von Hymettos, von Spetsae, Hydra, Zante und von der Mani (Maina), der aus hölzernen Bienenhäusern gewonnen wird, kostet 2,50 bis 3,00 Drachmen[1]) für 1 Oka; derjenige aus den gewöhnlichen Stöcken kostet, da er nicht rein ist, für 1 Oka 1,30 bis 2,00 Drachmen, je nach der Jahresernte. Es gibt auch billigen Honig zu 0,80 bis 1,00 Drachmen für 1 Oka, das ist besonders der Herbsthonig, welcher eine rötliche oder orangerote Farbe hat.

In Karystos beim Dorfe Kallianou wird ein Honig von wilden Rosenstöcken gewonnen, welcher 8 bis 10 Drachmen das kg kostet. Dieser Honig ist sehr klar und aromatisch, vielleicht gibt es nicht seinesgleichen in der Welt. Seit ältesten Zeiten beziehen die jeweiligen Sultane diesen Honig.

---

[1]) 1 Drachme = 0,81 M.

Die Ausfuhr von griechischem Honig ist gering und übersteigt jährlich nicht 5000 kg, aus dem Grunde, weil der Handel mit dieser Ware nicht organisiert ist, sondern nur von Kleinhändlern betrieben wird.

Verfälschungen des Honigs kommen nicht vor. Ausnahmsweise wollten in einem Jahre, wo anhaltende Trockenheit herrschte und die Ernte gering war, einige Bauern Rosinensirup statt Honig verkaufen. Die Regierung verfügte aber die Beschlagnahme dieses Erzeugnisses, seitdem verkauft niemand mehr verfälschten Honig, sondern nur natürlichen Bienenhonig.

Besondere gesetzliche Bestimmungen gegen die Verfälschung des Honigs bestehen nicht, übrigens nehmen die Imker und Kaufleute nicht ihre Zuflucht zu solchen Mitteln, da selbst der billigste Honig mit dem besten amerikanischen Honig in Wettbewerb treten kann.

VIII. Vereinigte Staaten von Amerika.

Nach den im Jahre 1900 veröffentlichten Zensurberichten der Bundesregierungen gab es in den Vereinigten Staaten 706261 Imker, welche 4109526 Schwärme in ihrem Besitz hatten. Der Wert der Bienen wurde auf 10186513 Dollar beziffert. Seit 1900 schätzt man eine Zunahme von 10 %.

Der Gesamtertrag wurde im Jahre 1908 auf 61196116 Pfund Honig und 1165315 Pfund Wachs im Werte von 22 Millionen Dollar geschätzt.

Man findet in manchen Städten Imker, die sachgemäße Honiggewinnung betreiben, aber man muß diese doch als einen landwirtschaftlichen Nebenzweig bezeichnen, da auch die städtischen Imker meist ein landwirtschaftliches Gewerbe, Gärtnerei, Obstzucht usw. haben. Im großen findet die Gewinnung von Honig heute vor allem in den Staaten Texas, Californien, New-York und Utah statt. Im Staate Texas hat sie die meiste Verbreitung gefunden, nachdem die Farmer durch das Vorfinden vieler wilden Honigstöcke auf die intensivere Ausbeute dieses gewinnbringenden landwirtschaftlichen Gewerbes kamen. Man schätzt heute den Ertrag von Zuchtbienenhonig in Texas auf etwa 5 Millionen Pfund. Über die Gewinnung des von wilden Bienen stammenden Honigs liegen keine Berichte vor. Man darf aber annehmen, daß der von Texas kommende, sehr unreine Honig meist von wilden Honigstöcken gewonnen wird und mit dem Honig von Zuchtbienen gemischt ist.

Für die Ernährung der Bienen kommen hauptsächlich folgende Pflanzen in Betracht:

Wilder Salbei (Sage) in Texas Californien, Arizona und Colorado; in Californien und Utah, neuerdings auch in Colorado trifft man tausende von Bienenstöcken in den mit Salbei und wilden Sträuchern bewachsenen freien Ebenen und an den Bergabhängen. Hier dürfte man die Honiggewinnung wohl schon als ein selbständiges Gewerbe ansehen. Luzerne (Alfalfa) in Californien, Colorado, Utah; weißer Klee, roter Klee, süßer Klee, schwedischer Klee in den zentralen und östlichen Staaten; Orangeblüten in Florida und Californien; Lindenblüten in Wisconsin, Michigan, New-York, Massachusetts; Buchweizen in New-York, Pennsylvania, Michigan, Wisconsin, Maine, Virginia; die Blüte der verschiedenen Obstbäume und Sträucher in allen Oststaaten und die der vielen wilden Pflanzen und Sträucher wie weißer Chaparelle, Mosquite, Mexikanische Dattelpflaumen, Manglebaum usw. im fernen Westen.

Künstliches Futter wird den Bienen oft im Winter gereicht. Man benutzt hierzu meist die schlechtesten Sorten von Rohrzucker oder auch Sirup. Der Versuch, die Bienen mit Stärkesirup zu füttern, hat sich nicht bewährt. Auch sind die Ergebnisse der künstlichen Fütterung nicht sehr günstig zu nennen.

Die Honiggewinnung geschieht meist durch Ausschleudern der Waben. Auch das Erwärmen der Waben und Abseihen des flüssigen Honigs ist vielfach üblich. In manchen Gegenden wird von den Imkern, welche sich noch nicht an moderne Einrichtungen gewöhnt haben, der sogenannte Sonnenprozeß angewendet, wobei die Waben der Sonnenwärme ausgesetzt werden, um den Honig aus den Zellen zu schmelzen.

Einer besonderen Reinigung oder sonstigen Behandlung wird der für die Ausfuhr bestimmte Honig nicht unterworfen. Das amerikanische Nahrungsmittelgesetz gestattet unter „Honig" nur den Verkauf im ursprünglichen Zustand. Besondere Vorschriften für die Ausfuhr bestehen nicht, und weder Imker noch Wiederverkäufer nehmen Rücksicht darauf, ob der Honig für den Inland-Verbrauch oder die Ausfuhr bestimmt ist.

Man unterscheidet mehrere Sorten von Honig. Im Kleinhandel findet man nur in den feinsten Geschäften Spezial-Honige, wie Lindenblütenhonig (Basswood Honey), Weiß-Klee-Honig (White Clover Honey). Diese beiden Sorten geben vermischt einen prachtvollen Honig, der sich größter Beliebtheit erfreut. Im Osten kauft man gern den dunkel aussehenden Buchweizen-Honig (Buck-Wheat Honey). Immer mehr bürgert sich der Luzerne-Honig (Alfalfa Honey) ein, der von wasserheller Farbe ist, in der Helle nur noch übertroffen von dem Salbei-(Sage)Honig in Californien. Der letztere wird besonders für Arzneien in großen Mengen gebraucht. Im allgemeinen aber erscheinen alle diese Honigsorten, zu denen noch der feine Orangenblütenhonig, in kleineren Mengen auch der Himbeerhonig (Raspberry-Honey) kommen, nur in gemischtem Zustande als „Pure Honey" im Handel. So führt in Chicago keines der großen Warenhäuser eine bestimmte Honigmarke, die auf den Ursprung des Honigs hinweist. Am liebsten wird der Wabenhonig gekauft, der in unverfälschtem Zustande auf den Markt gelangt.

Der Preis der zur Ausfuhr gelangenden Honigsorten ist 6—8 cents für 1 Pfund frei New-York. Der dunkle Honig erzielt den niedrigsten Preis. Wabenhonig kostet 10—15 cents das Pfund.

Vielfach wird der Honig aus dem Hauptausfuhrgebiet Californien von San Francisco unmittelbar nach Europa verschickt (mit der Bahn bis New-York). In flüssigem Zustand wird Honig in Kannen, welche je 5 Gallonen enthalten (60 englische Pfund) versendet. Der Wabenhonig enthält je 12 oder 24 Honigwaben (Combs) in einer Kiste; je 10 Kisten werden zusammengepackt. Texas-Honig wird meist von Galveston aus ausgeführt. Dieser Honig läßt sich auf den großen Märkten der Union sehr schlecht verkaufen, da er meist ein Gemisch von wildem und von anderem

Honig ist und daher eine sehr unreine Farbe hat. Es ist sehr leicht möglich, daß von diesem schlechtesten Honig der Union ein großer Teil nach Deutschland gekommen ist. Er wird meist in Fässern von 700 Pfund versandt.

Als Ausfuhrhonig kommen am meisten in Betracht:
California White Sage extracted Honey (Californischer weißer Salbei-Honig);
Orange Blossom Honey (Orangeblüten-Honig);
Utah Water White Alfalfa Honey (Utah wasserheller Luzerne-Honig);
Wisconsin und New-York Basswood Honey (Lindenblüten-Honig).

Für Bäckereizwecke eignet sich am besten Californien- und Utah-Honig, für den Tischgebrauch Wisconsin oder New-York Basswood und White Clover Honey (Lindenblüten- und Weißkleehonig) und California Sage Honey (Salbei-Honig).

In bezug auf die Honigverfälschungen ist zu bemerken, daß in früheren Jahren Unmengen von mit Stärkesirup gemischtem Honig auf den Markt kamen. Neuerdings hat die Honigverfälschung bedeutend nachgelassen. Das Nahrungsmittelgesetz hat sehr vorteilhaft auf die Reinheit der Honigsorten gewirkt. Die Bundesregierung hat überall ihre Inspektoren, die sowohl bei den Imkern, wie auch bei den Groß- und Kleinhändlern Proben entnehmen. Mehr als die Geldstrafe scheut man die Veröffentlichung der Verurteilung mit genauer Firmenangabe. Gefälschter Honig darf verkauft werden, wenn er auf der Bezettelung als „adulterated Honey" bezeichnet ist. Früher wurde in ein Glas ein kleines Stück Wabe mit Honig, der noch nicht ganz reif und deshalb minderwertig war, gesteckt und das Gefäß mit Stärkesirup aufgefüllt; es kam oft vor, daß über 50 % des Inhaltes Stärkesirup war. Man schätzte die Fälschungen an ausgelassenem Honig bis vor 4 Jahren auf etwa 35 % der Handelsware. Aber gegen diese Fälschungen gingen noch vor der Bundesregierung die Einzelstaaten an. Besonders Wisconsin und Illinois erließen sehr strenge Gesetze. Das Bundesgesetz hat mit Untersuchungen des in einem Staate hergestellten und dort verbleibenden Honigs nichts zu tun, sondern die Bundesinspektoren sind nur zu Untersuchungen der Lebensmittel befugt, die von einem Staat in den andern gelangen, also für den zwischenstaatlichen Verkehr. Wohl steht ihnen aber das Anklagerecht bei der einzelstaatlichen Regierung wegen Fälschung zu. Heute ist es vor allem Invertzucker, der zu Fälschungen benutzt wird. Nicht als Verfälschung wird es betrachtet, wenn man künstliche, aus reinem Wachs hergestellte Waben in die Bienenstöcke stellt, um sie dann von den Bienen mit Honig füllen zu lassen. Die einzelnen Zellen sind nicht so tief, wie die von den Bienen hergestellten, die Bienen aber arbeiten sie selbst aus. Für die Imker ist damit eine große Ersparnis verbunden, da diese Waben sich mehrere Male verwenden lassen.

Einen sehr günstigen Einfluß auf die Honiggewinnung und den Honighandel üben die Honig-Genossenschaften (Honey-Associations) aus, die sich in fast allen Staaten gebildet haben und in immer näheren Zusammenschluß kommen. Vielfach haben sie einen Inspektor ernannt, der auf Fälschungen genau zu achten hat. Die großen Honiggeschäfte lassen sich meist von diesem Inspektor ein Zeugnis über die Reinheit des zu kaufenden Honigs ausstellen.

Für die Honig-Einfuhr kommen hauptsächlich Kuba, Mexiko, San Domingo, Haiti, Hawaii in Betracht. Jedoch hat dieser Honig nicht die Güte der in der Union erzeugten besseren Sorten. Meist wird er für gewerbliche Zwecke, vor allem in Biskuit-Fabriken verwendet. In Hawaii ist die Honiggewinnung erst seit einigen Jahren im Aufschwung, im letzten Jahre betrug die Erzeugung etwa 1000 Tonnen.

Auf Honig ruht ein Einfuhrzoll von 20 Cents für 1 Gallone[1]), die Einfuhr von Wachs ist seit dem 1. Oktober 1890 frei.

IX. Mexiko.

Das größte Erzeugungsgebiet für Honig befindet sich in der Huasteca an der Golfküste. Der Gesamtertrag an Honig in diesem Gebiet beläuft sich auf etwa 5- bis 6000 Faß zu 50 Gallonen (1 Gallone gleich 4,55 Liter, also unter Annahme des spezifischen Gewichtes von Honig mit 1,45 gleich 6,59 kg).

Die Honiggewinnung findet nicht im großen statt, sondern bildet durchweg einen Nebenzweig ländlicher Betriebe.

Die üppige Flora der Huasteca gibt den Bienen Nahrung im Überfluß. Vereinzelt dürften Palmblüten den Bienen zur Honiggewinnung dienen und auch süße Säfte, die sich in gewissen Jahreszeiten auf Blättern und Zweigen gewisser Bäume reichlich finden.

Die Hauptertragsmonate sind Dezember bis Januar und April bis Mai; in den letztgenannten Monaten ist das Ergebnis besonders reich. Der Landwirt bringt die Bienen in ausgehöhlten Baumstämmen oder in eigens zu diesem Zweck angefertigten Kästen unter, welche er von Zeit zu Zeit prüft, um im gegebenen Zeitpunkt zur Honiggewinnung zu schreiten.

Künstliche Nahrung in Form von Zuckerpräparaten oder dergleichen wird den Bienen nicht geboten.

In der Huasteca wird weder sogenannter Schleuderhonig durch Ausschleudern der Waben hergestellt noch Honig durch Erwärmen der Waben und Abseihen des flüssigen Honigs gewonnen; die Waben werden vielmehr in eigens dazu vorbereiteten Säcken aus leichtem Wollstoff (Manta) ausgepreßt. Der für die Ausfuhr bestimmte Honig wird nach der Gewinnung noch einmal durch leichtes Manta durchfiltriert. In einigen Betrieben soll die Filtration unter Einwirkung der starken Tropensonne vorgenommen werden, während als allerdings wenig bestimmt versichert wird, daß auch einige Indianer den Honig mit einem Zusatz von Wasser auskochen, damit er schön flüssig bleibe. Durch Abschäumen und Absetzen würde er hierbei gereinigt. Nach früheren Mitteilungen bestehen im Innern des Landes größere Imkereien, die nur Auslaufhonig ersten Auslaufs ausführen und wegen hervorragend guter Ware 18—20 cts für 1 kg erzielen.

Man unterscheidet hellen und dunklen Honig, ohne daß dieser Unterschied einen Einfluß auf die Bewertung hat; ebensowenig werden die verschiedenen Arten nach Geruch, Geschmack und Konsistenz bewertet.

---

[1]) 1 Gallone = 4,55 Liter.

Der von einem Händler an den Erzeuger bezahlte Preis des Honigs beträgt 60 bis 75 cts. mex.[1]) für 1 Gallone[2]) also 9—11 cts. für 1 kg, während bei der Ausfuhr loco Mexiko Hafen 14 bis 18 cts. für 1 kg erzielt werden. Die Seefracht nach Hamburg beträgt:

12 sh 6 d für 1 Faß von 50 Gallonen Inhalt,

7 sh für 1 Faß von 30 Gallonen Inhalt,

3 sh 6 d für 1 Kiste mit 10 Gallonen Inhalt.

Die Ausfuhr findet hauptsächlich über die Häfen Tampico und Tuxpam statt, nur eine geringe Menge wird über Veracruz verschifft.

Es wird nur reiner Honig ausgeführt, da Kunsthonig nicht hergestellt wird.

Es wird mitunter behauptet, daß einige mexikanische Tieflandhonige berauschende und giftige Wirkungen haben, doch ist nicht anzunehmen, daß diese Honige zur Ausfuhr gelangen, wenn man aus der das Angebot übersteigenden großen Nachfrage nach mexikanischem Honig diesen Schluß ziehen darf.

Ausfuhrzoll oder sonstige Abgaben lasten nicht auf Honig. Hauptabnehmer mexikanischen Honigs sind zurzeit die Vereinigten Staaten von Amerika und Deutschland.

Gesetzliche Vorschriften für den Verkehr mit Honig bestehen nicht, ebensowenig sind Grundsätze für dessen Beurteilung aufgestellt.

X. Brasilien.

Die Honiggewinnung für Handelszwecke beschränkt sich in Brasilien im wesentlichen auf die Staaten Santa Catharina, Sao Paulo und Parana. Fast aller nach Deutschland ausgeführter Honig geht über den Hafen von Sao Francisco im Staate Santa Catharina.

Unterlagen über die Zahl der Imkereibetriebe, der Bienenstöcke und ihres Ertrages in ganz Brasilien sind nicht vorhanden. Einige Angaben über Bienenzucht finden sich in dem neuen Werke des Centro Industrial do Brasil, O Brasil, Band II Industria Agricola. Daraus ergibt sich, daß es mehrere Arten einheimischer Bienen gibt, die einen an Qualität ausgezeichneten Honig liefern. Aber die Menge des von ihnen erzeugten Honigs ist nicht groß. Zuchtversuche in größerem Umfange sind bisher mit ihnen nicht gemacht worden. Planmäßige Zuchtversuche werden nur mit der aus Europa eingeführten Biene angestellt. Diese Biene (Apis mellifica) wird besonders in den Staaten Santa Catharina, Parana und in Sao Paulo gezüchtet. Der Gesamtertrag an Honig in Sao Paolo betrug im Jahre 1905: 91718 kg, in Santa Catharina wurden im Jahre 1905: 31372 kg Honig gewonnen, in Parana im Jahre 1905: 69000 kg. Insgesamt wurden im Jahre 1907 7124 kg Honig aus Brasilien ausgeführt, davon gingen 6647 kg über den Hafen von Sao Francisco. Die Ausfuhr fiel im Jahre 1908 auf 2194 kg.

---

[1]) 100 Centavos = 2,10 **Mark**.

[2]) 1 Gallone = 4,55 Liter.

Die Honiggewinnung bildet nur einen Nebenzweig ländlicher Betriebe. Im Staate Rio de Janeiro umfaßt der größte Imkereibetrieb nicht mehr als 160 Bienenstöcke. Die Stöcke sind in Holzkisten von 60 cm Länge, 30 cm Breite und 40 cm Höhe untergebracht.

In Sao Paulo sind mehrfach von verschiedenen Industriellen Lehrversuche zur systematischen Bienenzucht gemacht worden. Der Erfolg war aber bisher sehr mäßig. Im Munizipium Limeira, wo die Zahl der Bienenstöcke am größten ist, zählt man 277 Stöcke, welche 2000 kg Honig erzeugen. In Santa Catharina findet sich die ausgedehnteste Bienenzucht. Hier ist Joinville der Hauptmarkt. Die Bienenzucht wird dort nach den neuesten Methoden betrieben. In Rio Grande do Sul befinden sich einige Fazenden, die wegen ihrer Bienenzucht berühmt sind. Es sind dies die Fazenden Abelheira im Munizipium Rio Pardo und eine gleichnamige Fazenda in dem Orte Canoas des Munizipiums Gravatahy.

Für die Ernährung der Bienen kommen in Betracht im wesentlichen die Blüten des Kaffee-, Orangen- und weiter südlich des Mattebaumes.

Künstliche Nahrung mit Zuckerpräparaten wird nur in Zeiten schlechter Ernte verwandt.

Der Honig wird, wo die Bienenzucht nicht ganz im kleinen betrieben wird, nach modernen Methoden durch Ausschleudern der Holzrahmen so gewonnen, daß die Waben nachher wieder verwendet werden können.

Der Preis des ausgeführten Honigs beträgt durchschnittlich 892 Reis[1]) für 1 kg; im allgemeinen schwanken die mittleren Preise für 1 kg Honig zwischen 600 Reis (Sao Paolo) und 1000 Reis (Parana).

Kunsthonig soll in Brasilien noch nicht hergestellt werden. Gesetzliche Vorschriften für den Verkehr mit Honig bestehen, soweit bekannt, nicht.

Für die einzelnen Staaten Brasiliens ist noch folgendes zu bemerken:

Im brasilianischen Staate Santa Chatharina wird in den nahe der Küste gelegenen Teilen Bienenzucht fast überall getrieben, und zwar im Anschluß an kleinbäuerliche Betriebe. Selbständige Imkereibetriebe in großem Maßstab sind unbekannt. Folgende Munizipien kommen besonders für die Honiggewinnung in Betracht: Joinville, Sao Bento, Blumenau, Brusque, Tubarao und Laguna. In Sao Bento werden von einem Kolonisten 300 Bienenstöcke gehalten. Dies ist wohl der größte derartige Betrieb im Staate.

Für die Ernährung der Bienen kommen zu verschiedenen Jahreszeiten sehr verschiedene Pflanzen in Betracht. Als solche seien erwähnt: die Blüte des Orangenbaumes, wilde Araca, Inga, verschiedene Myrtaceenarten und die Rankengewächse des Waldes; unter diesen soll besonders eine von den Bienen gesucht sein, die dem Geruch nach an Vanille erinnert.

Künstliche Ernährung der Bienen soll im Bezirk Sao Bento durch Darreichung von Zuckerwasser stattfinden.

---

[1]) 1 brasilianisches Milreis = 1000 Reis = 2,29 Mark.

In den Munizipien Sao Bento und Blumenau wird vereinzelt Schleuderhonig hergestellt, im übrigen wird der Honig in der Regel durch Auspressen der Waben gewonnen. Erwärmen und Abseihen des Honigs findet nicht statt. Der für die Ausfuhr bestimmte Honig wird über Dampf filtriert oder auch in einem Kessel geklärt.

An Honigsorten werden in Joinville und Sao Bento „heller“ und „dunkler“ unterschieden, von denen der hellere und geringwertigere der aus Sao Bento ist.

In Blumenau unterscheiden die Imker Honige von:

1. Orangenblüten, hell ins gelbliche spielend, nach Obstbaumblüte riechend, von feinstem Geschmack und in 2—3 Monaten kristallisierend.

2. Ingablüten, hell, von feinem Aroma, in 2—3 Monaten kristallisierend.

3. Capoeirablüten, von hellgelber Farbe, gutem Geruch und gutem Geschmack und sehr schnell in 3—8 Tagen kristallisierend.

4. Waldblüten, von dunkler, ins bräunliche spielender Farbe, kräftigem Aroma und wenig scharfem Geschmack; in einigen Wochen kristallisierend.

Die gezüchtete Biene soll in der Regel die italienische sein.

Der Preis des zur Ausfuhr bestimmten Honigs beträgt im Norden des Staates 40 Pfennig für 1 kg netto. Beim Blumenauer Honig wird nach Qualitäten unterschieden. Es kosten: Orangen- und Ingablütenhonig 6—700 Reis, Capoeirablütenhonig 5—600 Reis, Waldblütenhonig 500 Reis für 1 kg.

Im brasilianischen Staate Parana werden schätzungsweise 50—60000 kg Honig geerntet.

Allein unter den Mitgliedern des teuto-brasilianischen landwirtschaftlichen Vereins werden von 22 Imkern, mit zusammen durchschnittlich 620 Völkern etwa 12500 kg Honig im Jahre gewonnen. Über Araucaria (Eisenbahnstation 20 km von Curitiba) gehen jährlich mindestens 8—10000 kg nach der Hauptstadt. Der in Parana erzeugte Honig wird nur im Staate selbst verbraucht; es gibt keine merkliche Ausfuhr.

Die Bienenzucht wird nur vereinzelt im großen betrieben; gewöhnlich stellt sie einen Nebenzweig ländlicher Betriebe dar.

Für die Ernährung der Bienen kommen die Pflanzen, Sträucher und Bäume von Wald und Kamp (Steppe) in Betracht.

Künstliche Nahrung in Form von Zuckerpräparaten wird den Bienen nicht gereicht.

Die Gewinnung des Honigs geschieht teils durch Schleudern teils durch Pressen. Durch Erwärmen der Waben wird kein Honig gewonnen.

An Arten unterscheidet man Schleuder- und Preßhonig.

Die Eigenschaften der Honige sind folgende:

Farbe: vorwiegend gelb und rot, seltener bräunlich,

Geruch: stark aromatisch,

Geschmack: gut, angenehm. Nur der zur Winterzeit während der Blüte einer besonderen Pflanze (Bracatinga genannt) eingetragene Honig hat einen gallenbitteren Geschmack.

Die Ausfuhr ist infolge von Transportschwierigkeiten fast unmöglich.

Der Preis des Honigs stellt sich für Preßhonig auf 300 bis 400 Reis und für Schleuderhonig auf 800 Reis bis 1 Milreis das Kilogramm.

Im brasilianischen Staate Sao Paulo ist die Honiggewinnung für Ausfuhrzwecke gleichfalls unbedeutend. In den Jahren 1905 und 1906 wurde über Santos kein Honig ausgeführt, 1907 und 1908 fand eine ganz geringe Ausfuhr statt.

Die Honiggewinnung bildet in der Regel nur einen Nebenzweig ländlicher Betriebe; ein Großbetrieb findet nicht statt. Nur vereinzelt dürften Imker über 100 Stände besitzen.

Für die Ernährung der Bienen kommen hauptsächlich die Blüten der Kaffee-, Orangen-, Obst- und Waldbäume in Betracht.

Künstliche Ernährung findet nicht statt, da es im Staate keinen eigentlichen Winter gibt und die Bienen infolgedessen immer Blüten einzelner Baumarten vorfinden.

Der Honig wird im allgemeinen durch Auspressen der Waben gewonnen. Die Besitzer zahlreicher Bienenstände haben dazu einfache Maschinen, während viele Imker, die nur wenige Stöcke besitzen, die Auspressung mit den Händen vornehmen. Der Preßhonig wird zur Klärung aufgestellt; die sich auf der Oberfläche ansammelnde unreine Schicht wird abgenommen. Sonstige Reinigungsarten sind, soweit ermittelt werden konnte, unbekannt. Einige Imker gewinnen den Honig auch durch Erwärmen der Waben und Abseihen des flüssigen Honigs. Seltener kommt die Herstellung von Schleuderhonig vor.

Unterschieden wird der Honig außer nach den Gewinnungsarten nur nach dem Aussehen. Die hellere und die dunklere Färbung richtet sich nach den zur Ernährung der Bienen dienenden Blüten sowie nach dem Alter des Honigs.

Als Preis des Honigs erzielen die Erzeuger je nach der Güte der Ware 400 bis 1000 Reis für 1 kg. In den Läden ist die gleiche Menge für etwa 1,5 Milreis bis 1,8 Milreis zu kaufen.

Präparate unter dem Namen Kunsthonig oder ähnlichen Bezeichnungen werden im Staate nicht hergestellt. Dagegen ist es möglich, daß der für den städtischen Verbrauch vom Lande hereinkommende Honig von den Bauern durch Zusatz von Rohrzucker verfälscht wird.

XI. Argentinien.

Eine amtliche Statistik über die Zahl der Imkereibetriebe und Bienenstöcke gibt es in Argentinien nicht. Professor Brünner von der Ackerbauschule in Cordoba schätzt den Jahresertrag der argentinischen Imkerei auf rund 760000 kg, wovon nach seiner Angabe entfallen:

Auf die Provinz Cordoba	400000 kg
„ „ „ Mendoza	150000 „
„ „ „ Catamarca	50000 „
„ „ „ San Juan	10000 „
„ „ „ Santa Fé	10000 „
„ „ „ Buenos Aires	10000 „

Nach Brünners Berechnung, die einen Durchnittsertrag von 35 kg für den Stock annimmt, wenngleich es Rahmenstöcke gebe, die 150 kg brächten, müßte das Land rund 21000 Bienenstöcke besitzen.

Die Honiggewinnung bildet im allgemeinen einen Nebenzweig ländlicher Betriebe.

Es kommen für die Ernährung der Bienen hauptsächlich in Betracht:

1. Alfalfa (Luzerne) medicago sativa, die in künstlich bewässertem Gelände in der Zeit von September bis April 7—8mal jährlich blüht und einen weißen, bei 10^0 Celsius erstarrenden und etwa 12% Wasser enthaltenden Honig geben soll.

2. Polei (poleo, pouliot) und Azarillo-Feldblumen, die in großer Menge vorhanden sind und einen vorzüglichen weißen und festen Honig geben sollen.

3. Die Obstbäume, darunter Pfirsiche, Aprikosen, Birnen, Äpfel und dergl.

Eine künstliche Ernährung der Bienen mit Zuckerpräparaten findet nicht statt. Der hohe Preis des Zuckers verbietet dessen Verwendung zu diesem Zweck. Ausnahmsweise wird wohl den Bienen Honig des vorigen Jahres als Nahrung geboten.

Die Gewinnung des Honigs erfolgt auf verschiedene Weise. Arbeitet der Imker mit beweglichen Waben, was immer mehr geschieht, so wird der Honig aus den Waben ausgeschleudert; dieses Verfahren ergibt in Geschmack und Farbe ein erstklassiges Erzeugnis. Arbeitet der Imker mit festen Waben, so erfolgt die Ernte durch Abseihen mit dem Sonnenfilter (besonders bei zerbrochenen Waben) sowie durch Auspressen oder auch, besonders im Herbst, durch Auskochen; die so gewonnenen Sorten sind gewöhnlich dunkler und werden schwerer hart.

Die Reinigung des feinen Ausfuhrhonigs erfolgt häufig, indem man ihn 2 Wochen lang in zylindrischen Behältern ruhen läßt, eine andere Behandlung des Ausfuhrhonigs findet nicht statt.

An Honigsorten unterscheidet man im allgemeinen Frühlingshonig, Sommer-honig und Herbsthonig. Die ersteren sind erster Güte, der letztere zweiter Güte. Im Handel werden ferner unterschieden:

Miels coulés (Jungfernhonig) 1. und 2. Klasse.

Miels extraits (Schleuderhonig) 1. und 2. Klasse.

Miels fondus (ausgekochter und gepreßter Honig) 1. und 2. Klasse.

Die 1. Klasse des Schleuderhonigs ist weiß und wird Ende des Sommers hart; die 2. Klasse ist weniger hell und bleibt halbflüssig. Gebirgshonig ist stellenweise goldgelb.

Von Palmen gewonnener Honig erinnert in seinem Geschmack an Quittengelee und wird sehr gelobt. Den besten Honig liefern Cordoba, San Luis, Catarmarca und Rioja, das Erzeugnis der anderen Provinzen ist wasserhaltiger.

Die Honigausfuhr ist nur gering; sie hat sich im Jahre 1908 auf 9631 kg belaufen. 1906 und 1907 hat überhaupt kein Honig das Land verlassen. In den Jahren 1901—1905 sind 156323 kg ausgeführt worden, davon 84605 nach Deutschland.

Die Großhandelspreise, frei Waggon Cordoba, betragen für 1000 kg feinen Frühlingshonig netto 600—800 Mark.

Die Ausfuhr wird hauptsächlich über Buenos Aires oder Rosario geleitet.

Kunsthonig wird im Lande nicht hergestellt, weil der Zucker teurer ist als der Honig. Der argentinische Honig ist, wenn auch verschiedener Qualität, doch durchweg rein.

Gesetzliche Vorschriften für den Verkehr mit Honig sowie Grundsätze für seine Beurteilung bestehen in Argentinien nicht.

XII. Chile.

Über den Gesamtertrag an Honig fehlt es an statistischen Angaben. Die Ernte im Jahre 1909 wird auf 8000 Fässer (je 75 kg brutto) geschätzt, wovon 150 dz auf den Konsulatsbezirk Concepcion und ein beträchtlicher Teil auf die Provinz Llanquihue entfällt. Die Ernte im Jahre 1908 wird auf 15000 Fässer angegeben. Diese Zahlen sind aber viel zu niedrig, denn die Ausfuhr belief sich 1908 auf 1440200 kg, auch ist der Verbrauch im Lande erheblich.

Die Honiggewinnung bildet einen Nebenzweig ländlicher Betriebe.

Für die Ernährung der Bienen kommen besonders in Betracht die Blüten folgender Bäume, Sträucher und Pflanzen: Ulme (Ulmo eucryphia cordifolia), Lum (Luma eugenia), Palo Santo (Weinmannia trichosperma), Chequéen (Eugenia Chequéen), Pitra (Myrceugenia pitra), Temu (Temu divareatum), Drymis chilensis, Caluslaria ascendens, Citrus Aurantium, Citrus medica, Olea europea, Papaver somniferum, Centaurea chilensis, Puja chilensis, Spartium junceum, Guajacum officinale, Silium candidum, Quassia amara, Cynara scolimus, Acacia Cavenia, Prosopsis Siliquastium, Listrea mollis, Cucumis melo, Cucumis citrullus, Helianthus annuus, Klee, namentlich Weißklee und Luzerne, ferner auch Früchte wie Trauben, Birnen, Feigen und Pfirsiche.

Künstliche Nahrung wird den Bienen fast gar nicht zugeführt; nur in Ausnahmejahren, wenn wegen anhaltender Nässe im Sommer wenig Honig eingetragen worden ist, erhalten die Bienen im Winter Zuckerlösung.

Der Honig wird hauptsächlich durch Ausschleudern mittels Schleudermaschine gewonnen. Außerdem erfolgt die Gewinnung durch Erwärmung und zwar teils durch Sonnenhitze, teils (bei anhaltend schlechtem Wetter) durch heißes Wasser. Eine Reinigung des Honigs findet nicht statt.

Man unterscheidet in Chile kristallisierten (festen) und flüssigen (durch Erhitzen gewonnenen), sowie weißen (miel blanca), gelben (miel rubia) und dunklen Honig (miel oscura). Der kristallisierte Honig wird höher bewertet als der flüssige, und je heller der Honig ist, um so mehr wird er geschätzt. Das Aroma ist natürlich nach den von den Bienen benutzten Blüten und Früchten verschieden. Besonders fein ist der von weißen Klee- und Ulmenblüten herrührende helle Honig. Viel genannt wird der Valdivia-Honig (aus den Provinzen Llanquihue und Valdivia) und der Contulmohonig (aus Contulmo, Provinz Arauco). Dieser ist von heller Farbe und fest.

Der Preis des zur Ausfuhr gelangenden Honigs beträgt ungefähr 23 Mark für 50 kg frei Hamburg oder Bremen. Der weiße Honig wird im allgemeinen 1 Mark höher bezahlt.

Die Ausfuhr findet hauptsächlich über Valparaiso, Puerto Montt und Talcahuano statt. Im Jahre 1908 wurden 8680 kg ausgeführt, wovon 1600 kg nach Deutschland gingen. Zur Ausfuhr gelangt nur Schleuderhonig, den die Ausfuhrhändler teils unmittelbar, teils durch Agenten von den Imkern kaufen. Hauptabsatzgebiete sind Deutschland und Frankreich.

Kunsthonig wird in Chile nicht hergestellt. Zu erwähnen ist übrigens der besonders in Ocoa (Provinz Valparaiso) hergestellte Palmhonig, der indessen wesentlich im Lande verbraucht wird.

Gesetzliche Vorschriften über den Verkehr mit Honig oder Grundsätze für dessen Beurteilung bestehen in Chile nicht.

XIII. Kuba.

In den westlichen Provinzen Kubas, Matanzas, Habana und Pinar del Rio wird die Bienenzucht nach dem neuen amerikanischen System betrieben und der Honig durch Ausschleudern der Waben gewonnen. Die Bienenstöcke dieses Systems bestehen aus Kästen mit herausnehmbaren Rahmen, in deren Mitte eine künstliche aus Wachs verfertigte Wabenplatte eingesetzt wird. Diese Wabenplatten werden von den Bienen auf beiden Seiten unter gleichzeitiger Ablagerung des Honigs zu ganzen Waben vervollständigt. Wenn diese Arbeit beendet ist, nimmt man die Rahmen aus den Kästen heraus, entfernt die oberste Wachsschicht und bringt sie dann in die Schleudermaschine. Die Waben bleiben dabei unversehrt und werden hernach wieder in die Kästen hineingesetzt, wo sie wieder von neuem von den Bienen gefüllt werden.

In den östlichen Provinzen dagegen, wo man noch nach dem alten System verfährt, d. h. wo die Bienen in ganz gewöhnlichen Kästen die Waben von grundauf hineinzubauen gezwungen sind, wird der Honig durch Zerstampfen der Waben gewonnen.

Der Honig wird meistens in seinem ursprünglichen Zustande ausgeführt, ohne vorher gereinigt zu werden. Alle toten Bienen und Wachsteilchen werden darin gelassen. Nur einige wenige Ausfuhrhändler reinigen den Honig vor der Verschiffung, indem sie den vom Lande hereinkommenden Honig in große Tanks gießen, damit sich der Schmutz, die toten Bienen usw. absetzen, und erst den so geklärten Honig in die Fässer füllen. Irgend welche Mischung mit Fremdstoffen findet nicht statt, also dieser geklärte Honig ist ebenfalls ein reines Naturerzeugnis.

Der beste Honig kommt aus den westlichen Provinzen Pinar del Rio, Habana und Matanzas und auch teilweise Santa Clara; er ist dickflüssiger als der des östlichen Teiles der Insel, Camaguey und Santiago de Cuba; auch hat dieser Honig mehr Aroma und einen feineren Geschmack. Die Farbe des Honigs ist in den verschiedenen Jahreszeiten verschieden, sie wird im wesentlichen von den Blütensorten beeinflußt, aus denen die Bienen den Seim entnehmen. Besondere Bezeichnungen für die verschiedenen Klassen der Honige bestehen nicht.

Die Preise schwanken und sind abhängig von dem Ergebnis der Honigernte in den verschiedenen Gegenden.

Für Deutschland sind im Jahre 1908 Verkäufe gemacht worden zwischen 19 und 22,50 Mark für 10 Gallonen[1]) einschließlich Fracht Hamburg oder Bremen für beste Ware; die etwas geringere Ware (dünnflüssige Honige) wurde etwas billiger abgegeben, zu 18 bis 21 Mark.

Die Ausfuhr findet von allen größeren Hafenplätzen Kubas statt, weitaus der größte Teil jedoch geht von Habana; dann folgen Matanzas, Cienfuegos, Santiago de Cuba, Manzanillo, Cardenas und Caibarien.

Kunsthonig wird von Kuba aus nicht ausgeführt, es kommt nur unverfälschter Honig zum Versand.

Gesetzliche Vorschriften für den Verkehr mit Honig gibt es auf Kuba nicht.

XIV. Jamaika.

Die Ausfuhr an Honig betrug vom 1. April 1907 bis zum 31. März 1908 199962 Gallonen[1]) im Werte von 17496 £.

Die Honiggewinnung bildet in den meisten Fällen nur einen Nebenzweig ländlicher Betriebe.

Die Bienen ernähren sich hauptsächlich aus den Blüten von Haematoxylon campechianum, Melicocca bijuga und Prosopis Juliflora. Hier und da werden, wenn keine Pflanzen blühen, die Bienen mit Zucker gefüttert.

Der Honig wird gewonnen, indem man ihn aus den Waben auslaufen läßt, und gereinigt, indem man ihn durch ein Sieb aus Messingdraht abseiht. Nach der Farbe unterscheidet man etwa drei Arten von Honig.

Die Ausfuhr von Honig verteilte sich vom 1. April 1907 bis 31. März 1908 wie folgt:

Großbritannien	108231 Gallonen	£ 9470. 4.3
Vereinigte Staaten v. Amerika	2324 „	„ 203. 7
Kanada	22417 „	„ 1961. 9.9
Frankreich	25516 „	„ 2232.13
Deutschland	41226 „	„ 3607. 5.3
Andere Staaten	248 „	„ 21.14.3
Gesamt	199962 Gallonen	£ 17496.13.6

---

[1]) 1 Gallone = 4,55 Liter.

Kunsthonig wird nicht hergestellt, und gesetzliche Vorschriften für den Verkehr mit Honig sowie Grundsätze für dessen Beurteilung bestehen in Jamaika nicht.

Es soll viel kubanischer Honig, der minderwertiger ist als Jamaika-Honig, unter dem Namen Jamaika-Honig über England nach Deutschland gehen.

XV. Australien.

Die Imkerei bildet in der Commonwealth of Australia im allgemeinen einen Nebenzweig der ländlichen Betriebe, insbesondere der Milchwirtschaft. Nur in verhältnismäßig wenigen Ausnahmefällen ist sie Hauptbetrieb. Die statistischen Angaben über die Imkereibetriebe sind weder durchaus zuverlässig noch vollständig, indem sie für Tasmanien gänzlich fehlen.

Für das Jahr 1903 werden folgende Angaben gemacht:

	Neu-Südwales	Victoria	Queensland	Süd-Australien	West-Australien	Common-wealth ohne Tasmanien
Bienenstöcke						
produktive . .	53 240	27 505	10 366	18 529	9 881	119 521
unproduktive .	15 148	15 707	3 956	5 101	2 140	42 052
insgesamt	68 388	43 212	14 322	23 630	12 021	161 573
Honig-Erzeugung						
Menge in lb[1] .	2 660 363	1 138 992	442 827	953 395	255 489	5 451 066
Wert £ . . .	27 700	13 050	3 993	8 938	3 726	37 407
Wachs-Erzeugung						
Menge in lb[1] .	48 247	29 521	8 554	12 854	6 454	100 810
Wert £ . . .	2 700	1 330	402	696	565	5 693

Wenn man bedenkt, daß diese Zahlen für das ganze Festland von Australien gelten, dann erscheinen sie sehr unbedeutend. In der Tat ist die australische Bienenzucht auch erst am Anfang ihrer Entwickelung und wird allgemein erst seit verhältnismäßig kurzer Zeit als ein lohnendes Nebengewerbe geschätzt.

Der Zahl der Bienenstöcke nach hat die Imkerei in Neusüdwales die größten Fortschritte gemacht, indessen wird sie dort vielmehr zur Deckung des Eigenbedarfs betrieben, als in Victoria und Süd-Australien, wo sie als Erwerbsmittel eine ungleich größere Bedeutung hat. Es sind deutsche Bauern — am Fuße der „Grampians" genannten, gut bewaldeten Bergkette im Staate Victoria gibt es verschiedene fast gänzlich deutsche Imkerkolonien —, die sich der Imkerei dort mit besonderem Fleiße widmen und dabei ein ganz gutes Auskommen finden. Für sie ist teilweise die Imkerei, wenn auch nicht das einzige, so doch das hauptsächlichste Mittel zur Erwerbung des Lebensunterhaltes. Nur während der Wintermonate suchen sich diese

---

[1] 1 lb = 0,454 kg.

Leute in der Umgebung andere Beschäftigung. Aber auch das würde nicht nötig sein, wenn nicht der Absatz des australischen Honigs, wie weiter unten erklärt wird, mit besonderen Schwierigkeiten verknüpft wäre.

Ein besonderer Aufschwung ist in letzter Zeit auch in Westaustralien bemerkbar, doch wird es dort wie in Queensland immerhin noch einige Zeit in Anspruch nehmen, ehe man nur den inländischen Bedarf gänzlich decken kann.

Für die Ernährung der Bienen kommen in der Hauptsache die in ganz Australien verbreiteten Eucalyptusbäume in Betracht. Unter ihnen sind die folgenden als besonders honigreiche Arten zu nennen: Eucalyptus odorata, E. melliodera, E. rostrata, E. hemifolia, E. largiflorens, E. corynecoly, E. frauciflora. In Queensland ist der wilde Apfelbaum eine sehr beliebte Nahrungsquelle der Bienen, doch kommt er nur strichweise und in nicht allzu großer Zahl vor. Ist die Blütezeit der Eucalyptusbäume vorüber, dann kommen die Luzernen-Felder und vor allen Dingen die wilde Flora Australiens zur Geltung. Sie zeigt fast während des ganzen Jahres in allen Teilen des Landes genügend Blüten, um dem Nahrungs-bedürfnis der Bienen gerecht zu werden. Mangel an natürlicher Nahrung tritt daher nur selten ein, wie sich Australien infolge seines kurzen, meist nicht einmal 3 Monate dauernden Winters überhaupt in hervorragender Weise zur Bienenzucht eignet. Nur wenn die sommerliche Hitze alles in Busch und Feld versengt hat und der Regen nicht kommen will, dann gehen einige wenige Imker zur künstlichen Ernährung über, um dadurch ihre Völker vor dem Untergang zu bewahren. Man gibt aber dann keine Zuckerpräparate, sondern den gewöhnlichen, braunen, unraffinierten Zucker (Soft Sugar), der billig zu haben ist.

Der australische Honig wird fast allgemein durch Ausschleudern gewonnen, es ist Schleuderhonig — Extractor Honey. Andere Verfahren sind kaum bekannt. Insbesondere will man nichts von dem Erwärmen der Waben wissen, weil damit ein zu großer Verlust verknüpft ist. Auch sieht man von einer besonderen Reinigung des Honigs ab. Man läßt ihn einige Tage stehen, damit er alle Unreinigkeiten an die Oberfläche bringen kann. Sind diese entfernt, so ist die Ware verkaufsfertig, da sie den Anforderungen der verschiedenen staatlichen Gesundheitsbehörden entspricht. Auch der zur Ausfuhr bestimmte Honig wird einer weiteren Reinigung nicht unter-worfen.

Eine besondere Unterscheidung der Honigarten ist nicht üblich. Man be-zeichnet sie wohl nach ihrer Herkunft als „Western" oder „Northern Honey". Auch wird gelegentlich nach dem Geruche „Orange-" oder „Luzerne-Honey" angeboten; doch gibt es im allgemeinen nur eine einzige Handelsware. Sie riecht und schmeckt mehr oder weniger stark nach Eucalyptus und zeigt in der Farbe alle Schattierungen von einem hellen Goldgelb bis zu einem dunklen Braun, wobei der dunkelfarbene als der minderwertigere betrachtet wird. Daneben gilt nur noch die Konsistenz als einziger, für den Preis maßgebender Unterschied. Je dickflüssiger der Honig, desto höher der Preis.

Betreffs des Eucalyptusgeschmackes sei besonders darauf aufmerksam gemacht, daß er lediglich durch die Eucalyptusblüten verursacht ist, aus denen die Bienen ihre Nahrung gezogen haben. Hamburger Kaufleute hatten ihn gelegentlich auf die Blechkanister zurückgeführt, indem sie annahmen, daß diese vorher zur Aufbewahrung von Eucalyptusöl gedient hätten.

Der Preis des zur Ausfuhr gelangenden Honigs schwankt je nach Angebot und Nachfrage zwischen $2^1/_2$ und 4 Pence für das englische Pfund. Als Durchschnittspreis ist $3^1/_4$ Pence anzunehmen.

Der Hauptabnehmer des Honigs ist Großbritannien. Von anderen europäischen Ländern kommen nur Belgien und Deutschland in Betracht, davon hat Deutschland im Jahre 1908 nur 1096 lb = 497,5 kg genommen, also eine ganz unbedeutende Menge. Da es nun an Versuchen, australischen Honig einzuführen, nicht gefehlt hat, so muß ein besonderer Grund vorliegen, der die Einfuhr zurückhält. Dieser Grund ist der Eucalyptus-Geruch und -Geschmack des australischen Honigs. Er hat für den, der daran gewöhnt ist, nichts unangenehmes, aber in Deutschland hat man sich bis jetzt noch nicht daran gewöhnen können. Versuche, dem australischen Honig diesen Geschmack zu nehmen, sind bis jetzt erfolglos geblieben, obwohl man es daran nicht hat fehlen lassen.

Die Hauptausfuhrplätze für australischen Honig sind: Adelaide, Melbourne, Sydney, Fremantle und Brisbane.

Besondere gesetzliche Vorschriften für den zur Ausfuhr gelangenden Honig gibt es nicht. Nach den allgemeinen Vorschriften der „Commerce Act" muß der für die Ausfuhr bestimmte Honig einem Regierungsinspektor gezeigt werden. Er bescheinigt seine Reinheit und versieht die Kisten — Honig kommt in Blechdosen von ungefähr 60 lb Inhalt, von denen je zwei in eine Kiste verpackt sind, zum Versand — mit dem Regierungsstempel. Über den Wert dieser Kontrolle gehen die Meinungen sehr auseinander, jedenfalls ist er nicht groß.

Kunsthonig kennt man in Australien bis jetzt nicht. Ebenso hört man von Verfälschungen kaum etwas. Sollten sie vorkommen, so werden sie jedenfalls nicht von den Imkern sondern von den Händlern vorgenommen. Indessen ist kaum zu befürchten, daß derartig verfälschter Honig ausgeführt wird. Bei dem billigen Preis brächte eine Verfälschung auch nur dann Vorteil, wenn der Preis mehr als $3^1/_2$ Pence für das lb betrüge.

C. Untersuchungsergebnisse der Auslandshonige.

Laufende Nummer	Herkunftsland	Bezeichnung des Honigs nach Art und Herkunft	Beschafft durch das Kaiserl. Konsulat in	Äußere Eigenschaften	Dichte der wässerigen Lösungen d_{15}^{15}		Wasser¹) %	Trockenrückstand %	Invertzucker		Rohrzucker nach Meißl bestimmt %	Gesamtzucker %	Nichtzucker %
					20 g zu 100 ccm	33¹/₃%			vor d. Inversion %	nach d. Inversion %			
1	Österreich	Akazienhonig aus Nieder-Österreich (Gr. Enzersdorf)	Wien (durch Vermittelung des Zentralvereins f. Bienenzucht in Österreich)	hellgelb, dickflüssig, Blütenaroma (Akazien)	1,0626	1,1154	19,05	80,95	74,16	76,68	2,39	76,55	4,40
2	„	Ailanthushonig d. österreichisch. Imkerschule, Wien		dunkelgelbbraun, dickflüssig, sehr aromatisch	1,0640	1,1177	17,41	82,59	76,16	77,80	1,56	77,72	4,87
3	„	Lindenblütenhonig, Wien		dunkelgelb (grünlich fluoreszierend), salbenartig, sehr aromatisch	1,0631	1,1163	18,79	81,21	75,20	75,46	0,25	75,45	5,76
4	„	Weißkleehonig aus Mähren (Doschen)	„	weißgelb, kristallinisch, aromatisch	1,0631	1,1163	18,31	81,69	78,56	79,30	0,70	79,26	2,43
5	„	Esparsettehonig aus Mähren (Probitz)	„	weißgelb, kristallinisch, aromatisch (Wiesenblüten)	1,0655	1,1212	15,70	84,30	75,44	77,52	1,98	77,42	6,88
6	„	Buchweizenhonig aus dem Marchfelde bei Wien	„	schokoladenbraun, seimig, starkes Aroma (Buchweizen)	1,0634	1,1168	18,02	81,98	75,84	76,48	0,61	76,45	5,53
7	„	Vusperkrauthonig aus Ungarn (Finke)	„	schmutziggelb, zähkristallinisch, sehr feines Blütenaroma	1,0651	1,1204	15,78	84,22	76,04	78,52	2,35	78,39	5,83
8	„	Tannen- und Fichtenhonig aus Ober-Österreich (Munderfing)	„	grünlich, schwarzbraun, zähkristallinisch (Coniferenaroma)	1,0648	1,1199	16,65	83,35	64 80	70,20	5,13	69,93	13,42
9	„	Wiesenblumenhonig aus Ober-Österreich (Munderfing)	„	bräunlichgelb, dickflüssig, angenehmes Blüten- und Coniferenaroma	1,0641	1,1184	17,86	82,14	61,96	69,52	7,18	69,14	13,00
10	Ungarn	Vusperkrauthonig aus Makó, Komitat Csanád	Budapest (durch Vermittelung des kgl. Ungarischen Ackerbauministeriums)	gelbweiß, dickflüssig, angenehmes Blütenaroma	1,0649	1,120	16,34	83,66	68,56	79,96	10,83	79,39	4,27
11	„	Akazienhonig aus Gödöllö		dickflüssig, hellgelb, grünlich fluoreszierend, sehr feines Blütenaroma	1,0662	1,1231	14,99	85,01	74,36	78,08	3,53	77,89	7,12

¹) Die mit * bezeichneten Werte für den Wassergehalt sind aus der Dichte der Honiglösung (20 g zu

²) Die Alkalität der Asche wurde in den mit * bezeichneten Fällen gegen Azolithminpapier, in allen

Polarisation d. wässerigen Lösung 10 g zu 100 ccm im 200 mm Rohr in Kreisgraden vor d. Inversion °	nach d. Inversion °	Säure (ccm Normallauge für 100 g Honig)	Asche %	Alkalität der Asche ccm Normalsäure[2] auf die Asche von 100 g Honig	auf 1 g Asche	Phosphatgehalt der Asche g PO_4 auf 100 g Honig	in 100 g Asche	Prüfung auf Diastase	Prüfung auf künstlichen Invertzucker nach Ley	nach Fiehe	Prüfung auf Stärkesirup nach Beckmann	nach Fiehe	Prüfung auf Melasse	Eiweißfällung nach Lund
— 3,42	— 4,09	1,20	0,0760	0,70	9,2	0,0135	17,7	in 40 Min. hellgelb	positiv (Reduktion ohne Fluoreszenz)	negativ (schwach-orange rasch verschwindend)	negativ	negativ	negativ	0,61
— 2,67	— 3,05	1,30	0,1365	1,85	13,6	0,0180	13,1	in 15 Min. hellgelb	negativ (fluoreszierend)	negativ (gelblich)	„	„	„	1,06
— 2,50	— 2,74	2,25	0,2570	3,06	11,9	0,0205	8,0	in 5 Min. hellgelb	„	negativ (schwach gelb)	„	„	„	1,25
— 2,34	— 2,63	1,68	0,0775	1,00	12,9	0,0175	22,6	in 10 Min. hellgelb	„	„	„	„	„	0,75
— 2,46	— 3,28	1,00	0,0660	0,79	12,0	0,0135	20,4	in 20 Min. gelb	positiv (Reduktion ohne Fluoreszenz)	„	„	„	„	0,5
— 2,40	— 2,56	2,58	0,1055	1,05	9,95	0,0205	19,4	in 5 Min. hellgelb	negativ (fluoreszierend)	negativ (schwach orange)	positiv (sofort starke Fällung)	negativ (klar)	„	4,20
— 2,46	— 2,98	2,38	0,136	1,320	9,7	0,0240	17,6	in 20 Min. hellgelb	„	„	negativ	„	„	1,6
+ 1,53	+ 0,80	2,42	0,673	6,15	9,1	0,0932	13,8	in 15 Min. hellgelb	„	negativ (sehr schwach gelb)	„	„	„	1,3
+ 1,63	+ 0,77	2,40	0,5750	6,09	10,6	0,077	13,4	in 10 Min. hellgelb	„	negativ (schwach gelb)	positiv (sofort Fällung)	„	„	1,4
— 0,68	— 3,13	1,07	0,0520	0,48	9,2	0,011	21,1	in 60 Min. hellgelb	„	„	negativ	negativ	„	1,3
— 2,21	— 3,10	0,78	0,0925	0,79*	8,5*	0,0170	18,4	in 20 Min. hellgelb	„	negativ (schwach orange)	„	„	„	0,8

100 ccm) berechnet; die übrigen Wassergehalte sind gewichtsanalytisch bestimmt worden.
anderen Fällen gegen Methylorange ermittelt.

Laufende Nummer	Herkunftsland	Bezeichnung des Honigs nach Art und Herkunft	Beschafft durch das Kaiserl. Konsulat in	Äußere Eigenschaften	Dichte der wässerigen Lösungen d_{15}^{15} 20 g zu 100ccm	Dichte der wässerigen Lösungen $33\,^1/_3\,^0/_0$	Wasser[1] %	Trockenrückstand %	Invertzucker vor d. Inversion %	Invertzucker nach d. Inversion %	Rohrzucker nach Meißl bestimmt %	Gesamtzucker %	Nichtzucker %
12	Ungarn	Lindenblütenhonig aus Gödöllö	Budapest	hellbraungelb, dickflüssig, Aroma nach Lindenblüten u. Heide	1,0649	1,12	16,42	83,58	75,12	76,52	1,33	76,45	7,13
13	„	Gemischter Blumenhonig aus Klausenburg	„	hellgelb, weich kristallinisch, angenehmes Blütenaroma	1,0636	1,1174	17,94	82,06	76,40	77,72	1,25	77,65	4,41
14	Rußland	Blumenhonig aus dem Gouvernement Taurien	St. Petersburg (durch Vermittelung der russisch. Gesellschaft für Bienenzucht)	weißgelb, dickflüssig, Wiesenblütenaroma	1,0621	—	20,31	79,69	72,28	74,96	2,55	74,83	4,86
15	„	Buchweizenhonig aus dem Gouvernement Kursk		schokoladenbraun, fest, sehr starkes wenig angenehmes Aroma n. Buchweiz.	1,0614	—	20,96	79,04	75,48	76,68	1,14	76,62	2,42
16	„	Buchweizenhonig aus dem Gouvernement Grodno	„	schokoladenbr., kristallinisch, sehr starkes Aroma n. Buchweiz. (karamelisiert)	1,0618	—	20,12	79,88	75,12	76,16	0,99	76,11	3,77
17	„	Akazienhonig aus Bessarabien	„	hellgelb, dickflüssig, angenehmes Blütenaroma	1,0620	—	20,33	79,67	70,40	72,48	1,98	72,38	7,29
18	„	Lindenblütenhonig aus dem Gouvernement Ufa	„	gelb, grünlich fluoreszierend, dickflüssig, Lindenblütenaroma	1,0618	—	20,59	79,41	68,36	70,72	2,24	70,60	8,81
19	„	Kleehonig aus Jekaterinoslaw	„	weiß, dickflüssig, geringes Aroma n. Wiesenblüten	1,0626	—	19,53	80,47	72,52	75,60	2,93	75,45	5,02
20	„	Blumenhonig aus Smolensk	„	braungelb, halb kristallis., Aroma schwach nach gemischt. Blüten u. Buchw. (karam.)	1,0618	—	20,55	79,45	72,00	74,28	2,17	74,17	5,28
21	„	Blumenhonig aus Wladimir	„	weißgelb, in Gärung, Aroma an Buchw. erinnernd	1,0603	—	22,36	77,64	73,48	73,88	0,38	73,86	3,78
22	„	Wiesenblütenhonig aus Grodno	„	tiefgelb, kristallinisch, angenehmes Blütenaroma	1,0618	—	20,55	79,45	72,40	73,72	1,25	73,65	5,80
23	„	Wiesenblütenhonig aus Kostroma	„	desgl.	1,0615	—	20,88	79,12	72,36	73,16	0,76	73,12	6,00
24	„	Ackerhonig aus Tambow	„	braungelb, in Gärung, Aroma: gemischte Blüten mit Buchweizen	—	—	21,99	78,01	—	—	—	—	—

Polarisation d. wässerigen Lösung 10 g zu 100 ccm im 200 mm Rohr in Kreisgraden vor d. Inversion °	nachd. Inversion °	Säure (ccm Normallauge für 100 g Honig)	Asche %	Alkalität der Asche ccm Normalsäure²) auf die Asche von 100 g Honig	auf 1 g Asche	Phosphatgehalt der Asche g PO_4 auf 100 g Honig	in 100 g Asche	Prüfung auf Diastase	Prüfung auf künstlichen Invertzucker nach Ley	nach Fiehe	Prüfung auf Stärkesirup nach Beckmann	nach Fiehe	Prüfung auf Melasse	Eiweißfällung nach Lund
− 1,87	− 2,38	1,75	0,1445	1,45	10,0	0,0235	16,2	in 20 Min. hellgelb	negativ (fluoreszierend)	negativ (schwach gelb)	negativ	negativ	negativ	0,6
− 2,72	− 3,17	1,05	0,0520	0,52	10,0	0,0105	20,2	in 15 Min. hellgelb	"	"	"	"	"	0,8
− 2,22	− 2,86	—	—	—	—	—	—	—	—	negativ (schwach rosa)	—	—	—	—
− 2,64	− 3,18	—	—	—	—	—	—	—	—	"	—	—	—	—
− 2,34	− 2,90	—	—	—	—	—	—	nach 1 Stunde blau	—	zweifelhaft (violettrot, aber rasch verblassend)	—	—	—	—
− 2,58	− 3,08	—	—	—	—	—	—	—	—	negativ (farblos)	—	—	—	—
− 0,90	− 1,22	—	—	—	—	—	—	—	—	negativ (rosa)	—	—	—	—
− 2,22	− 2,84	—	—	—	—	—	—	—	—	negativ (farblos)	—	—	—	—
− 1,94	− 2,44	—	—	—	—	—	—	nach 1 Stunde blau	—	positiv (violettrot)	—	—	—	—
− 2,48	− 2,76	—	—	—	—	—	—	—	—	negativ (farblos)	—	—	—	—
− 1,88	− 2,26	—	—	—	—	—	—	—	—	negativ (rosa)	—	—	—	—
− 1,74	− 2,20	—	—	—	—	—	—	—	—	"	—	—	—	—
—	—	—	—	—	—	—	—	—	—	negativ (fast farblos)	—	—	—	—

Laufende Nummer	Herkunftsland	Bezeichnung des Honigs nach Art und Herkunft	Beschafft durch das Kaiserl. Konsulat in	Äußere Eigenschaften	Dichte der wässerigen Lösungen d_{15}^{15} 20 g zu 100 ccm	$33\frac{1}{3}\%$	Wasser [1] %	Trockenrückstand %	Invertzucker vor d. Inversion %	Invertzucker nach d. Inversion %	Rohrzucker nach Meißl bestimmt %	Gesamtzucker %	Nichtzucker %
25	Rußland	Kleehonig aus Podolien	St. Petersburg	weiß, kristallinisch, sehr angenehmes Aroma	1,0617	—	20,68	79,32	74,56	75,24	0,65	75,21	4,11
26	„	Blumenhonig aus Jekaterinoslaw	„	goldgelb, dickflüssig, Aroma fehlt fast	1,0636	—	18,48	81,52	72,00	76,08	3,88	75,88	5,64
27	„	Blumenhonig aus Cherson	„	schmutzig weiß, fest kristallinisch, sehr angenehmes Blütenaroma (Wiesenblüten)	1,0626	—	19,68	80,32	73,00	75,36	2,24	75,24	5,08
28	„	Blumenhonig von St. Petersburg	„	tief dunkelbraun, kristallinisch (karamelisiert)	1,0632	—	18,46	81,54	73,32	76,32	2,85	76,17	5,37
29	„	Kleehonig aus Cherson	„	weiß, kristallinisch, angenehmes Blütenaroma (Wiesenblüten)	1,0625	—	19,46	80,54	73,12	75,48	2,24	75,36	5,18
30	„	Lindenblütenhonig in Waben aus dem Gouvernement Ufa	Saratow	grünlich-gelbweiß, kristallisiert, angenehmes Blütenaroma mit bitterem Nachgeschmack	1,0623	1,1153	19,81	80,19	73,12	73,56	0,42	73,54	6,65
31	„	Schleuderhonig aus verschiedenen Blumen, vor allem Buchweizen aus dem Gouvernem. Ufa	„	tiefbraun, zäh kristallin., stark aromatisch nach Buchweizen	1,0642	—	17,03	82,97	78,32	79,76	1,37	79,69	3,28
32	„	desgl.	„	tiefbraun, zäh kristallinisch, stark aromatisch nach Buchweizen	1,0627	—	18,99	81,01	77,36	78,40	0,99	78,35	2,66
33	„	Linden-Seihhonig aus dem Gouvernement Ufa	„	grünlich-weißgelb, kristallinisch, angenehmes Aroma mit bitterem Nachgeschmack	1,0634	1,1172	18,64	81,36	75,00	75,68	0,64	75,64	5,72
34	„	Buchweizenhonig aus dem Gouvernement Ufa	„	schokoladenbraun, halbkristallinisch, starkes Aroma (Buchweizen)	1,0625	1,1158	19,33	80,67	74,92	75,68	0,72	75,64	5,03

Polarisation d. wässerigen Lösung 10 g zu 100 ccm im 200 mm Rohr in Kreisgraden vor d. Inversion °	nach d. Inversion °	Säure (ccm Normallauge für 100 g Honig)	Asche %	Alkalität der Asche ccm Normalsäure²) auf die Asche von 100 g Honig	auf 1 g Asche	Phosphatgehalt der Asche g PO₄ auf 100 g Honig	in 100 g Asche	Prüfung auf Diastase	Prüfung auf künstlichen Invertzucker nach Ley	nach Fiehe	Prüfung auf Stärkesirup nach Beckmann	nach Fiehe	Prüfung auf Melasse	Eiweißfällung nach Lund
— 2,70	— 3,16	—	—	—	—	—	—	—	—	negativ (farblos)	—	—	—	—
— 2,04	— 2,92	—	—	—	—	—	—	—	—	„	—	—	—	—
— 1,52	— 2,20	—	—	—	—	—	—	—	—	negativ (schwach rosa)	—	—	—	—
— 1,34	— 2,22	—	—	—	—	—	—	nach 1 Stunde blau	—	zweifelh. (violettrot ab. schnell verblassend)	—	—	—	—
— 1,92	— 2,60	—	—	—	—	—	—	—	—	negativ (schwach rosa	—	—	—	—
— 1,46	— 1,88	1,1	0,2650	3,5	13,2	0,0155	5,8	in 10 Min. hellgelb	—	negativ (schwach gelb)	negativ	negativ	negativ	1,05
— 2,59	— 2,89	1,87	0,1770	1,91	10,8	0,0140	7,9	—	—	„	—	—	—	2,15
— 1,91	— 2,27	1,40	—	—	—	—	—	in 10 Min. hellgelb	—	negativ (schwach orange)	—	—	—	2,15
— 1,44	— 1,67	0,73	0,3265	4,30	13,2	0,0205	6,3	„	negativ (fluoreszierend)	negativ (schwach gelb)	negativ	negativ	negativ	0,9
— 2,45	— 2,48	2,32	0,1965	2,29	11,6	0,0295	15,0	in 5 Min. hellgelb	„	negativ (schwach orange)	„	„	„	2,65

Laufende Nummer	Herkunftsland	Bezeichnung des Honigs nach Art und Herkunft	Beschafft durch das Kaiserl. Konsulat in	Äußere Eigenschaften	Dichte der wässerigen Lösungen d_{15}^{15} 20 g zu 100 ccm	33 $^1/_3$ %	Wasser [1] %	Trockenrückstand %	Invertzucker vor d. Inversion %	Invertzucker nach d. Inversion %	Rohrzucker nach Meißl bestimmt %	Gesamtzucker %	Nichtzucker %
35	Rußland	Lindenblütenhonig (pasteurisiert) aus dem Gouvernement Ufa	Saratow	grünlich weißgelb, kristallinisch, angenehmes Blütenaroma mit bitterem Nachgeschmack	1,0632	1,1171	18,50	81,50	74,48	75,72	1,19	75,67	5,83
36	„	desgl.	„	grünlich weißgelb, kristallinisch, angenehm. Blütenaroma	1,0631	—	18,75	81,25	72,64	74,60	1,86	74,50	6,75
37	„	desgl.	„	grünlich weißgelb, kristallinisch, angenehm. Blütenaroma	1,0636	—	17,96	82,04	75,20	76,64	1,37	76,57	5,47
38	„	künstlicher Honig aus dem Gouvernement Ufa	„	braungelb, halbkristallinisch, Bonbongeschmack	1,0605	1,1113	22,73	77,27	73,84	75,20	1,29	75,13	2,14
39	Rußland (Polen)	Zentrifugenhonig, sog. Speisehonig aus dem Gouvernement Lublin	Warschau	braun, seimig, starkes Aroma (Buchweizen)	1,0630	—	18,95	81,05	75,52	76,64	1,06	76,58	4,47
40	„	durch Erwärmen gewonnener Honig (Honigkuchenhonig) aus dem Gouvernement Lublin	„	braun, seimig, sehr starkes Aroma (Buchweizen)	1,0621	—	19,94	80,06	74,76	75,36	0,57	75,33	4,73
41	„	Akazienhonig aus dem Gouvernement Warschau	„	gelbweiß (grünlich fluoreszierend), halbkristallinisch, angenehmes Blütenaroma	1,0644	1,1190	17,37	82,63	75,84	76,92	1,03	76,87	5,76
42	Italien	Blütenhonig aus Trefontana bei Rom	Rom	schmutzig hellgelb, kristallinisch, angenehmes Blütenarom.	1,0625	1,1158	*19,00	81,00	75,12	76,80	1,59	76,71	4,29
43	„	Honig vom Monte Rosa (Sizilien)	„	hellgelb, dickflüssig, geringes Blütenaroma	1,0641	1,1192	*16,9	83,1	74,54	77,79	3,08	77,62	5,48
44	„	Blütenhonig aus der Umgebung Roms	„	schmutzig, dunkelgelb, fast kristallin., sehr starkes Blüten- u. Wachsaroma	1,0629	1,1168	*18,2	81,8	74,16	77,64	3,3	77,46	4,34

| Polarisation d. wässerigen Lösung 10 g zu 100 ccm im 200 mm Rohr in Kreisgraden | | Säure (ccm Normallauge für 100 g Honig) | Asche % | Alkalität der Asche ccm Normalsäure ²) | | Phosphatgehalt der Asche g PO$_4$ | | Prüfung auf Diastase | Prüfung auf künstlichen Invertzucker | | Prüfung auf Stärkesirup | | Prüfung auf Melasse | Eiweißfällung nach Lund |
vor d. Inversion °	nach d. Inversion °			auf die Asche von 100 g Honig	auf 1 g Asche	auf 100 g Honig	in 100 g Asche		nach Ley	nach Fiehe	nach Beckmann	nach Fiehe		
— 1,40	— 1,74	0,60	0,2520	3,31	13,1	0,0150	5,95	in 15 Min. hellgelb	negativ (fluoreszierend)	negativ (schwachgelb)	negativ	negativ	negativ	0,75
— 1,00	— 1,45	—	0,3290	4,62	14,0	0,0395	12,0	—	—	negativ (rosa)	—	—	—	—
— 0,27	— 0,66	0,88	—	—	—	—	—	in 20 Min. hellgelb	—	negativ (schwachgelb)	—	—	—	—
— 2,00	— 2,25	2,47	0,240	1,30	5,4	0,0320	13,3	nach 1 Stunde blau	positiv (Reduktion)	positiv (kirschrot) beständig	negativ	negativ	negativ	0,30
— 2,13	— 2,50	1,45	0,120	—	—	—	—	in 5 Min. hellgelb	negativ (fluoreszierend)	negativ (orange)	„	„	„	2,8
— 2,10	— 2,42	1,90	—	—	—	—	—	„	—	negativ (schwachgelb)	—	—	—	—
— 2,02	— 2,50	1,40	0,0550	*0,42	* 7,6	0,0115	20,9	in 15 Min. hellgelb	negativ (fluoreszierend)	negativ (schwachorange)	negativ	negativ	negativ	1,10
— 2,8	— 3,1	2,78	0,1940	2,60	13,4	0,011	5,7	in 10 Min. hellgelb	„	negativ (rosa)	„	„	„	1,0
— 1,35	— 2,10	1,25	0,0615	0,70	11,4	0,008	13,0	in 30 Min. hellbraun	positiv (braunschwarz ohne Fluoreszenz)	„	„	„	„	0,7
— 1,55	— 2,55	2,00	0,1215	1,46	12,0	0,0145	11,9	„	negativ (fluoreszierend)	„	„	„	„	1,2

Laufende Nummer	Herkunftsland	Bezeichnung des Honigs nach Art und Herkunft	Beschafft durch das Kaiserl. Konsulat in	Äußere Eigenschaften	Dichte der wässerigen Lösungen d_{15}^{15}		Wasser [1]	Trockenrückstand	Invertzucker		Rohrzucker nach Meißl bestimmt	Gesamtzucker	Nichtzucker
					20 g zu 100 ccm	33¹/₃%	%	%	vor d. Inversion %	nach d. Inversion %	%	%	%
45	Italien	Honig aus Perugia	Rom	weißgelb, dickflüssig, geringes Blütenaroma	1,063	1,1158	*18,34	81,66	71,12	78,12	6,65	77,77	3,89
46	„	„	„	„	1,0635	1,1178	*17,7	82,3	71,2	78,48	6,9	78,1	4,2
47	„	Honig aus Castel S. Pietro dell'Emilia	„	weißgelb, fest kristallinisch, Blütenaroma an Buchweizen erinnernd	1,0628	1,1163	*18,8	81,2	75,84	77,52	1,59	77,43	3,77
48	„	„	„	„	1,0637	1,118	*17,4	82,6	75,96	77,23	1,20	77,16	5,44
49	„	Orangenblüten honig von Sizilien	„	weißgelb, dickflüssig, aromatisch	1,0644	1,1197	*16,50	83,5	73,12	78,84	5,43	78,55	4,95
50	„	„	„	„	1,0648	1,119	*16,00	84,00	74,0	78,4	4,18	78,18	6,18
51	„	Blütenhonig (sog. Jungfernhonig) von Sizilien (Hyblaeische Berge)	„	braungelb, kristallisiert, sehr stark aromatisch	1,0639	1,1182	17,99	82,01	76,08	76,28	0,19	76,27	5,74
52	Spanien	Feinster Romero (Rosmarinhonig) 1909er aus Catalonien	Barcelona	hellgelb, salbenartig, stark aromatisch (Rosmarin)	1,0639	—	*17,14	82,86	71,12	76,64	5,24	76,36	6,50
53	„	Feinster Romero (Rosmarinhonig) 1908er aus Catalonien	„	weiß, kristallisiert, stark aromatisch (Rosmarin)	1,0627	1,1159	*18,75	81,25	74,28	76,32	1,93	76,21	5,04
54	„	Guter Romero (Rosmarinhonig) 1909er aus Catalonien	„	schmutzig weiß, kristallisiert, wenig Aroma	1,0635	1,1176	*17,7	82,3	72,28	76,24	3,76	76,04	6,26
55	„	Feinster Romero und Tomillo (Rosmarin- und Thymianhonig) gemischt aus Catalonien	„	schmutzig weißgelb, halbkristallisiert, stark aromatisch (Rosmarin)	1,0638	1,1180	16,42	83,58	72,76	76,04	3,12	75,88	7,70
56	„	Feinster Romero (Rosmarinhonig) von Alcaraz, Provinz Lerida, 1909er	„	hellgelb, dickflüssig, schwach aromatisch	1,0649	1,1199	16,02	83,98	63,04	79,25	15,40	78,44	5,54
57	„	Feinster Romero (Rosmarinhonig) von Alcaraz, Provinz Lerida, 1908er	„	schmutzig weiß, fest kristallisiert, stark aromatisch	1,0639	1,1179	16,85	83,15	74,42	76,76	2,19	76,61	6,54

Polarisation d. wässerigen Lösung 10 g zu 100 ccm im 200 mm Rohr in Kreisgraden vor d. Inversion °	nach d. Inversion °	Säure (ccm Normallauge für 100 g Honig)	Asche %	Alkalität der Asche ccm Normalsäure[2]		Phosphatgehalt der Asche g PO_4		Prüfung auf Diastase	Prüfung auf künstlichen Invertzucker		Prüfung auf Stärkesirup		Prüfung auf Melasse	Eiweißfällung nach Lund
				auf die Asche von 100 g Honig	auf 1 g Asche	auf 100 g Honig	in 100 g Asche		nach Ley	nach Fiehe	nach Beckmann	nach Fiehe		
— 1,1	— 2,3	1,36	0,0640	0,77	12,0	0,0165	25,8	in 30 Min. hellbraun	positiv (Reduktion)	negativ (farblos)	negativ	negativ	negativ	0,8
— 1,1	— 2,35	1,42	0,0620	0,74	11,9	0,0155	25,0	"	negativ (fluoreszierend)	negativ (gelb-grünlich)	"	"	"	0,9
— 2,25	— 2,6	1,53	0,0670	0,61	9,1	0,0125	18,6	in 30 Min. braun	positiv (Reduktion)	negativ (rosa)	"	"	"	0,8
— 2,10	— 2,60	1,56	0,0620	0,64	10,3	0,0120	19,3	in 25 Min. hellbraun	"	"	"	"	"	0,8
— 1,40	— 2,55	1,00	0,0630	1,31	20,8	0,011	17,5	in 20 Min. hellbraun	positiv (Silberspiegel)	negativ (farblos)	"	"	"	0,6
— 1,6	— 2,5	1,00	0,0680	0,96	14,1	0,011	16,1	"	positiv (Reduktion)	"	"	"	"	0,6
— 3,52	— 3,86	3,2	0,2090	1,99	9,5	0,0235	11,2	in 10 Min. hellgelb	negativ (fluoreszierend)	negativ (gelb)	"	"	"	1,40
— 1,05	— 2,05	0,90	0,0285	0,36	12,6	0,009	31,5	in 25 Min. hellbraun	positiv (Reduktion)	negativ (farblos)	"	"	"	0,5
— 1,75	— 2,15	0,80	0,0270	0,32	11,8	0,0095	35,1	in 20 Min. gelb	"	negativ (rosa)	"	"	"	0,5
— 0,90	— 1,51	1,12	0,0270	0,28	10,6	0,0090	34,1	in 20 Min. hellbraun	"	negativ (farblos)	"	"	"	0,5
— 0,88	— 1,66	0,77	0,0370	0,41	11,1	0,0105	28,3	in 40 Min. hellgelb	"	negativ (rosa)	"	"	"	0,55
+ 0,67	— 2,20	0,62	0,030	0,35	11,7	0,0075	25,0	in 45 Min. hellgelb	"	negativ (farblos)	"	"	"	0,45
— 1,48	— 2,14	0,81	0,0460	0,51	11,1	0,0100	21,7	"	"	"	"	"	"	0,50

Laufende Nummer	Herkunftsland	Bezeichnung des Honigs nach Art und Herkunft	Beschafft durch das Kaiserl. Konsulat in	Äußere Eigenschaften	Dichte der wässerigen Lösungen d_{15}^{15} 20 g zu 100 ccm	33⅓%	Wasser [1] %	Trockenrückstand %	Invertzucker vor d. Inversion %	nach d. Inversion %	Rohrzucker nach Meißl bestimmt %	Gesamtzucker %	Nichtzucker %
58	Spanien	Feiner Espliego (Lavendelhonig) 1909er aus Tortosa, Provinz Tarragona, Aragonesisches Küstenland	Barcelona	schmutzig, tiefgelb, salbenartig, in Gärung, unangenehm stark aromatisch	1,0623	1,1147	19,10	80,90	73,68	74,08	0,38	74,06	6,84
59	„	Feiner Espliego und Romero (Lavendel- und Rosmarinhonig) gemischt, 1909er, aus Tortosa, Provinz Tarragona, Aragonesisches Küstenland	„	tiefgelb, verunreinigt mit Wachs- u. Bienenteilchen, stark in Gärung, stark aromatisch	1,0626	1,1154	18,27	81,73	74,08	75,40	1,25	75,33	6,40
60	„	Guter, grobkörniger Espliego (Lavendelhonig), 1909er, aus Tortosa, Provinz Tarragona, Aragonesisches Küstenland	„	tiefgelb, in Gärung, unangenehm stark aromatisch	1,0619	1,1140	19,35	80,65	73,64	74,48	0,80	74,44	6,21
61	„	Feinster Azahar (Orangenblütenhonig), 1909er, von Castellon im südlichen Aragon	„	dunkelgelb, dickflüssig, angenehmes Blütenaroma nicht nach Orangenblüten	1,0629	1,1163	17,85	82,15	65,88	78,64	12,12	78,00	4,15
62	„	Sog. Bauernhonig aus der Provinz Barcelona (Catalonien)	„	dunkelgelb (mit Wabe), dickflüssig, stark aromatisch	1,0645	1,1194	16,45	83,55	74,88	76,36	1,41	76,29	7,26
63	„	Feiner Romero 1909er (Rosmarinhonig) aus Valencia	„	dunkelgelb, salbenartig, schwach in Gärung	1,0625	1,1153	18,47	81,53	74,04	75,24	1,14	75,18	6,35
64	„	Feiner Azahar (Orangenblütenhonig) 1909er aus Valencia	„	tiefgelb, salbenartig, sehr stark aromatisch nach Orangenblüten	1,0611	1,1119	20,34	79,66	72,32	73,24	0,87	73,19	6,47
65	„	Miel de romero y tomillo (Rosmarin- u. Thymianhonig) de Zaragoza	„	hellgelb, dickflüssig, angenehmes Blütenaroma	1,0641	—	16,84	83,16	72,60	74,72	2,01	74,61	8,55
66	„	Miel de romero (Rosmarinhonig), Provinz Lerida	„	schmutzig weiß, dickflüssig, angenehmes Blütenaroma	1,0638	1,1184	17,37	82,63	71,36	77,52	5,85	77,21	5,42

Polarisation i. wässerigen Lösung 10 g zu 100 ccm im 200 mm Rohr in Kreisgraden vor d. Inversion °	nach d. Inversion °	Säure (ccm Normallauge für 100 g Honig)	Asche %	Alkalität der Asche ccm Normalsäure³) auf die Asche von 100 g Honig	auf 1 g Asche	Phosphatgehalt der Asche g PO_4 auf 100 g Honig	in 100 g Asche	Prüfung auf Diastase	Prüfung auf künstlichen Invertzucker nach Ley	nach Fiehe	Prüfung auf Stärkesirup nach Beckmann	nach Fiehe	Prüfung auf Melasse	Eiweißfällung nach Lund
— 1,74	— 1,94	1,64	0,1015	1,35	13,3	0,0190	18,7	in 15 Min. hellgelb	negativ (fluoreszierend)	negativ (schwach rot)	negativ	negativ	negativ	0,70
— 1,42	— 1,78	1,73	0,0915	1,05	11,5	0,028	30,6	in 10 Min. hellgelb	„	negativ (farblos)	„	„	„	0,75
— 1,25	— 1,51	1,68	0,1220	1,78	14,6	0,0155	12,7	„	„	negativ (rosa)	„	„	„	0,87
— 0,5	— 2,75	1,35	0,0850	1,18	13,9	0,017	20,0	in 40 Min. hellgelb	„	negativ (farblos)	„	„	„	0,82
— 1,65	— 1,98	2,48	0,1480	1,81	12,2	0,0230	15,5	in 15 Min. hellgelb	„	„	„	„	„	1,06
— 1,53	— 1,85	1,81	0,0860	1,03	12,0	0,0305	35,5	in 20 Min. hellgelb	„	negativ (rosa)	„	„	„	1,14
— 2,14	— 2,42	3,33	0,1630	1,91	11,7	0,0525	32,2	„	positiv (Reduktion)	negativ (farblos)	„	„	„	1,00
— 0,81	— 1,41	—	—	—	—	—	—	—	negativ (fluoreszierend)	„	„	„	„	0,60
— 0,96	— 2,27	0,79	—	—	—	—	—	in 40 Min. hellgelb	positiv (Reduktion)	„	„	„	„	0,37

Laufende Nummer	Herkunfts-land	Bezeichnung des Honigs nach Art und Herkunft	Beschafft durch das Kaiserl. Konsulat in	Äußere Eigenschaften	Dichte der wässerigen Lösungen d_{15}^{15} 20 g zu 100 ccm	$33\,^1/_3\,^0/_0$	Wasser [1] $^0/_0$	Trockenrückstand $^0/_0$	Invertzucker vor d. Inversion $^0/_0$	Invertzucker nach d. Inversion $^0/_0$	Rohrzucker nach Meißl bestimmt $^0/_0$	Gesamtzucker $^0/_0$	Nichtzucker $^0/_0$
67	Spa-nien	Miel de ajedrea (Honig d. Saturei-pflanze) de Zeste	Barcelona	tiefgelb, salben-artig, starkes Blütenaroma	1,0629	—	18,48	81,52	73,34	74,56	1,16	74,50	7,02
68	„	Miel poliflora (gemischter Blü-tenhonig) Escu-ela provincial de agriculture (Ackerbauschule) de Barcelona	„	„	1,0625	1,1150	19,30	80,70	70,24	72,92	2,54	72,78	7,92
69	Portu-gal	Schleuderhonig	Lissabon	schmutziggelb, kristallinisch, starkes Blütenaroma	1,0622	1,115	*19,40	80,60	72,64	76,33	3,49	76,13	4,47
70	„	gewöhnlicher portugiesischer Honig (Preßhonig)	„	dunkelbraun, stark verun-reinigt, Aroma an Feigen erinnernd, halb kristallisiert	1,0620	1,1147	*19,65	80,35	71,28	72,16	0,83	72,11	8,24
71	Ver. Staat. von Ame-rika	Kleehonig (white Clover) aus Wisconsin	Chicago	weißgelb, fest kristallinisch, sehr ange-nehmes Aroma	1,0639	1,1180	17,27	82,73	75,28	76,16	0,84	76,12	6,61
72	„	Salbeischleuder-honig (Sage ex-tracted Honey) aus Kalifornien	„	weißgelb, dick-flüssig, sehr angenehmes Blütenaroma	1,0649	1,1199	15,89	84,11	71,60	76,76	4,91	76,51	7,60
73	„	Klee- und Schwarzlinden-honig aus Wisconsin	„	weißgelb, salbenartig, sehr ange-nehmes Blütenaroma	1,0643	1,1189	16,77	83,23	77,30	78,21	0,88	78,18	5,05
74	„	Schwarzlinden-honig aus Wisconsin	„	weißgelb, fest kristallinisch, Blütenaroma	1,0645	1,1190	16,35	83,65	76,64	77,36	0,68	77,32	6,33
75	„	Luzernehonig aus Utah	„	weißgelb, dick-flüssig, Aroma nach Wiesen-blüten	—	1,1174	18,01	81,99	67,48	78,84	10,79	78,27	3,72
76	„	Orangenblüten-honig aus Kalifornien	„	hellgelb, dick-flüssig, Blüten-aroma (nicht nach Orangen-blüten)	1,0649	1,1200	16,33	83,67	70,60	78,48	7,49	78,09	5,58
77	Mexi-ko	Preßhonig von der Golfküste	Mexiko	dunkel grünlichgelb, dickflüssig, stark aromatisch	1,0614	—	20,48	79,52	69,56	70,12	0,53	70,09	9,43

Polarisation d. wässerigen Lösung 10 g zu 100 ccm im 200 mm Rohr in Kreisgraden vor d. Inversion °	nach d. Inversion °	Säure (ccm Normallauge für 100 g Honig)	Asche %	Alkalität der Asche ccm Normalsäure²) auf die Asche von 100 g Honig	auf 1 g Asche	Phosphatgehalt der Asche g PO₄ auf 100 g Honig	in 100 g Asche	Prüfung auf Diastase	Prüfung auf künstlichen Invertzucker nach Ley	nach Fiehe	Prüfung auf Stärkesirup nach Beckmann	nach Fiehe	Prüfung auf Melasse	Eiweißfällung nach Lund
— 1,52	— 1,90	1,75	—	—	—	—	—	in 15 Min. hellgelb	negativ (fluoreszierend)	negativ (rosa)	negativ	negativ	negativ	0,75
— 2,63	— 3,04	3,61	—	—	—	—	—	in 25 Min. hellgelb	„	negativ (farblos)	„	„	„	1,55
— 1,25	— 1,85	4,1	0,2320	2,77	11,9	0,034	14,7	in 15 Min. gelb	„	negativ (rosa)	„	„	„	1,8
— 1,75	— 1,88	2,7	0,2440	2,43	10,0	0,0335	13,7	in 20 Min. hellgelb	„	„	„	„	„	1,6
— 3,54	— 3,95	1,36	0,077	1,06	13,8	0,0145	18,8	in 15 Min. hellgelb	„	negativ (gelbgrün)	„	„	„	0,75
— 2,60	— 3,55	1,24	0,060	0,70	11,7	0,0135	22,5	in 40 Min. hellgelb	„	negativ (orange-gelb)	„	„	„	—
— 4,45	— 4,79	1,20	0,0765	0,98	12,8	0,0125	16,3	in 25 Min. hellgelb	„	negativ (schwach-orange)	„	„	„	0,5
— 3,40	— 3,77	0,69	0,1505	1,97	13,1	0,0130	8,6	in 30 Min. hellgelb	„	negativ (gelb)	„	„	„	0,6
— 1,14	— 3,29	1,11	0,0520	0,66	12,7	0,0115	22,1	„	„	„	„	„	„	0,68
— 1,55	— 3,10	1,55	0,060	0,78	13,0	0,0125	20,9	in 40 Min. hellgelb	„	„	„	„	„	0,65
— 1,75	— 1,95	2,62	0,2390	3,35	14,0	0,0215	9,0	in 5 Min. hellgelb	„	negativ (rosa)	sofort Fällung	negativ (klar)	„	1,75

Laufende Nummer	Herkunfts-land	Bezeichnung des Honigs nach Art und Herkunft	Beschafft. durch das Kaiserl. Konsulat in	Äußere Eigenschaften	Dichte der wässerigen Lösungen d^{15}_{15}		Wasser[1]	Trockenrückstand	Invertzucker		Rohrzucker nach Meißl bestimmt	Gesamtzucker	Nichtzucker
					20 g zu 100 ccm	$33\frac{1}{2}\%$	%	%	vor d. Inversion %	nach d. Inversion %	%	%	%
78	Mexiko	Preßhonig von der Golfküste	Mexiko	braungelb, grünlich fluoreszierend, stark aromatisch nach Zimtblüten	1,0614	—	20,60	79,40	69,20	70,56	1,29	70,49	8,91
79	„	„	„	braungelb, grünlich fluoreszierend, dickflüssig, stark aromatisch nach Zimtblüten	1,0616	1,1132	20,26	79,74	69,68	70,04	0,34	70,02	9,72
80	Brasilien	Honig aus Rio Grande do Sul	Rio de Janeiro	braungelb, kristallisiert, Karamelgeschmack	1,0643	1,1189	*16,60	83,40	77,04	80,44	3,23	80,27	3,13
81	„	Waldhonig aus Sao Paolo (Santa Anna)	Sao Paolo	tiefgelb, kristallinisch, sehr starkes Blütenaroma	1,0643	1,1188	17,26	82,74	78,84	78,96	0,12	78,96	3,78
82	„	Preßhonig aus Sao Paolo	„	dickflüssig, gelb, stark verunreinigt, unangenehmes Aroma	1,0588	1,1078	24,28	75,72	66,88	67,32	0,42	67,44	8,28
83	„	Seihhonig aus Sao Paolo	„	dickflüssig, braun, nur geringes Aroma	1,0621	1,1141	19,85	80,15	73,28	73,60	0,30	73,58	6,57
84	„	Blütenhonig aus Santa Catharina (Orleans do Sul)	Florianopolis	goldgelb, dickflüssig, Blütenaroma	1,0626	1,1154	19,72	80,28	72,04	73,32	1,22	73,26	7,02
85	„	Schleuderhonig aus Santa Catharina (Joinville)	„	schmutziggelb, halbkristallinisch, starkes Blütenaroma	1,0620	1,1140	20,09	79,91	72,76	75,20	2,32	75,08	4,83
86	„	Inga-Schleuderhonig (1907) aus Santa Catharina (Blumenau)	„	braungelb, halbkristallinisch starkes Blütenaroma	1,0635	1,1173	17,96	82,04	76,88	78,04	1,10	77,98	4,06
87	„	Capoeirahonig (1908) aus Santa Catharina (Blumenau)	„	„	1,0626	1,1158	19,02	80,98	76,48	76,88	0,38	76,86	4,12
88	„	Waldhonig (1909) aus Santa Catharina (Blumenau)	„	„	1,0621	1,1143	19,97	80,03	75,48	76,28	0,76	76,24	3,79
89	Argentinien	Blütenhonig aus Córdoba	Buenos Aires	schmutzigweiß, weichkristallinisch, Blütenaroma	1,0649	1,1201	16,15	83,85	78,64	80,08	1,37	80,01	3,84

Polarisation d. wässerigen Lösung 10 g zu 100 ccm im 200 mm Rohr in Kreisgraden vor d. Inversion °	nach d. Inversion °	Säure (ccm Normallauge für 100 g Honig)	Asche %	Alkalität der Asche ccm Normalsäure²) auf die Asche von 100 g Honig	auf 1 g Asche	Phosphatgehalt der Asche g PO_4 auf 100 g Honig	in 100 g Asche	Prüfung auf Diastase	Prüfung auf künstlichen Invertzucker nach Ley	nach Fiehe	Prüfung auf Stärkesirup nach Beckmann	nach Fiehe	Prüfung auf Melasse	Eiweißfällung nach Lund
— 1,60	— 1,95	2,46	0,2175	3,11	14,3	0,0210	9,7	in 5 Min. hellgelb	negativ (fluoreszierend)	negativ (rosa)	positiv (sofort Fällung)	negativ (klar)	negativ	2,16
— 1,73	— 1,76	2,36	0,2285	3,24	14,2	0,0185	8,1	„	„	„	„	„	„	1,65
— 2,4	— 2,9	4,1	0,3005	4,41	14,7	0,023	7,7	nach 1 Stunde blau	„	zweifelhaft (starke Rotfärbung)	negativ	„	„	1,3
— 2,89	— 3,16	1,91	0,1290	1,79	13,9	0,0175	13,6	in 10 Min. hellgelb	„	negativ (gelb)	„	„	„	0,85
— 1,43	— 1,72	1,91	0,1500	2,12	14,1	0,0210	14,0	in 65 Min. hellgelb	„	negativ (schwach orange)	„	„	„	0,90
— 1,42	— 1,90	1,59	0,064	0,74	11,6	0,0150	23,4	nach 1 Stunde blau	positiv (Reduktion)	negativ (rosa)	„	„	„	0,5
— 1,58	— 1,91	0,78	0,4502	*5,51	*12,2	0,0280	6,2	in 20 Min. hellgelb	negativ (fluoreszierend)	negativ (orange)	„	„	„	1,00
— 1,81	— 2,22	2,25	0,238	*2,96	*12,4	0,0185	7,8	in 10 Min. hellgelb	„	negativ (schwach rötlich)	positiv (sofort starke Fällung)	„	„	1,30
— 1,01	— 1,40	3,26	0,211	*2,19	*10,4	0,0210	10,0	nach 1 Stunde blau	„	„	„	„	„	2,60
— 0,66	— 0,93	2,75	0,319	*3,37	*10,6	0,026	8,2	in 40 Min. hellgelb	„	negativ (schwach orange)	„	„	„	2,40
— 0,80	— 1,27	4,44	0,335	*2,57	* 7,6	0,0265	8,0	nach 1 Stunde blau	„	negativ (orange bis rot)	„	„	„	4,35
— 2,45	— 2,84	1,78	0,120	1,53	12,8	0,0210	17,5	in 15 Min. hellgelb	„	negativ (gelb)	negativ	„	„	0,85

Laufende Nummer	Herkunftsland	Bezeichnung des Honigs nach Art und Herkunft	Beschafft durch das Kaiserl. Konsulat in	Äußere Eigenschaften	Dichte der wässerigen Lösungen d^{15}_{15} 20 g zu 100ccm	Dichte der wässerigen Lösungen d^{15}_{15} 33⅓%	Wasser[1] %	Trockenrückstand %	Invertzucker vor d. Inversion %	Invertzucker nach d. Inversion %	Rohrzucker nach Meißl bestimmt %	Gesamtzucker %	Nichtzucker %
90	Argentinien	Blütenhonig aus Córdoba	Buenos Aires	gelblichweiß, fest kristallinisch, Aroma wachsartig	1,0658	—	14,94	85,06	78,24	81,00	2,61	80,85	4,21
91	„	„	„	„	1,0657	1,1217	15,26	84,74	77,80	80,72	2,77	80,57	4,17
92	„	„	„	„	1,0657	—	15,00	85,00	78,64	81,16	2,39	81,03	3,97
93	„	„	„	„	1,0656	—	15,02	84,98	78,60	81,84	3,09	81,69	3,29
94	„	Blütenhonig aus Córdoba (Rosario)	„	braun, krümelig, starkes Blütenaroma	1,0638	—	17,46	82,54	74,88	78,84	3,76	78,64	3,90
95	„	Blütenhonig aus Buenos Aires	„	gelbbraun, halb kristallinisch, Blütenaroma	1,0640	1,179	17,60	82,40	72,88	77,68	4,50	77,38	5,02
96	„	Blütenhonig aus Mendoza	„	schmutzig weiß, salbenartig, wenig Aroma	1,0647	1,1198	16,35	83,65	77,84	79,08	1,18	79,02	4,63
97	„	„	„	weiß, weich kristallinisch, Blütenaroma	1,0629	1,1159	18,82	81,18	77,48	79,52	1,95	79,43	1,75
98	Chile	Blütenhonig aus Valparaiso	Valparaiso	hellbraungelb, kristallinisch, Blütenaroma	1,0642	1,1188	16,81	83,19	72,00	73,04	0,99	72,99	10,20
99	„	„	„	tief dunkelgelb, kristallinisch, Blütenaroma	1,0629	1,1160	18,85	81,15	75,24	76,88	1,56	76,80	4,35
100	„	„	„	schmutzig gelb, kristallinisch, Blütenaroma	1,0618	—	19,90	80,10	71,72	73,96	2,12	73,84	6,26
101	„	„	„	tief dunkelgelb, kristallinisch, Blütenaroma	1,0628	—	18,64	81,36	74,52	75,56	0,99	75,51	5,85
102	„	„	„	braungelb, zäh kristallinisch, stark verunreinigt, unangenehmes Aroma	1,0643	1,1191	16,70	83,30	76,90	77,75	0,81	77,71	5,59
103	Cuba	Rosmarinhonig aus Pinar del Rio	Habana	goldgelb, dickflüssig, starkes Blütenaroma	1,0617	1,1134	20,09	79,91	70,72	71,28	0,53	71,25	8,66
104	„	Gemischter Blütenhonig aus Habana und Pinar del Rio	„	schmutzig gelb, dickflüssig, starkes Blütenaroma	1,0624	1,1148	19,06	80,94	70,52	71,96	1,37	71,89	9,05

Polarisation d. wässerigen Lösung 10 g zu 100 ccm im 200 mm Rohr in Kreisgraden vor d. Inversion °	nach d. Inversion °	Säure (ccm Normallauge für 100 g Honig)	Asche %	Alkalität der Asche ccm Normalsäure [2]) auf die Asche von 100 g Honig	auf 1 g Asche	Phosphatgehalt der Asche g PO_4 auf 100 g Honig	in 100 g Asche	Prüfung auf Diastase	Prüfung auf künstlichen Invertzucker nach Ley	nach Fiehe	Prüfung auf Stärkesirup nach Beckmann	nach Fiehe	Prüfung auf Melasse	Eiweißfällung nach Lund
— 2,09	— 2,77	1,44	0,0810	0,94	11,60	0,0165	20,3	in 40 Min. hellgelb	—	negativ (schwach orange)	negativ	negativ	negativ	—
— 2,13	— 2,82	1,52	0,084	*0,73	*8,7	0,0140	16,4	in 35 Min. hellgelb	negativ (fluoreszierend)	negativ (gelb)	„	„	„	0,65
— 2,02	— 2,67	1,54	0,081	0,91	11,23	0,0138	17,0	in 40 Min. hellgelb	„	negativ (orange)	„	„	„	0,65
— 2,03	— 2,64	1,49	0,0770	*0,685	*9,0	0,0120	15,6	in 45 Min. hellgelb	„	„	„	„	„	0,6
— 1,65	— 2,37	1,44	0,0725	0,84	11,58	0,0176	24,2	in 60 Min. blau	„	negativ (schwach rot)	„	„	„	0,8
— 1,37	— 2,42	1,74	0,0735	0,70	9,52	0,0194	26,4	in 55 Min. hellgelb	„	negativ (schwach orange)	„	„	„	1,35
— 2,32	— 2,91	1,73	0,1025	1,06	10,3	0,0115	11,2	in 70 Min. schwach rotbraun	„	negativ (gelb)	„	„	„	0,5
— 3,13	— 3,50	1,24	0,056	*0,46	*8,2	0,0075	13,4	in 15 Min. hellgelb	positiv (braunschwarz)	„	„	„	„	0,5
— 2,41	— 2,76	2,2	0,160	—	—	—	—	in 10 Min. hellgelb	negativ (fluoreszierend)	negativ (orange)	„	„	„	0,93
— 2,43	— 3,05	—	0,1890	2,39	12,6	0,0320	16,9	—	„	negativ (schwach rötlich)	„	„	„	1,42
— 2,16	— 2,48	2.56	—	—	—	—	—	in 15 Min. hellgelb	„	negativ (gelb)	„	„	„	0,98
— 2,45	— 3,32	—	0,1760	2,06	11,7	0,0295	16,8	in 20 Min. gelb	„	negativ (schwach rot)	„	„	„	1,12
— 2,17	— 2,69	2,70	0,1690	1,90	11,2	0,0415	24,6	in 25 Min. gelb	„	negativ (schwach orange)	„	„	„	1,70
— 2,71	— 3,04	1,41	0,0760	1,15	15,1	0,010	13,1	in 10 Min. hellgelb	„	negativ (farblos)	„	„	„	0,63
— 1,25	— 1,70	1,97	0,120	1,66	13,8	0,0160	13,3	in 20 Min. hellgelb	„	negativ (rosa)	„	„	„	1,03

Laufende Nummer	Herkunftsland	Bezeichnung des Honigs nach Art und Herkunft	Beschafft durch das Kaiserl. Konsulat in	Äußere Eigenschaften	Dichte der wässerigen Lösungen d_{15}^{15} 20 g zu 110 ccm	$33^1/_3$ %	Wasser [1] %	Trockenrückstand %	Invertzucker vor d. Inversion %	Invertzucker nach d. Inversion %	Rohrzucker nach Meißl bestimmt %	Gesamtzucker %	Nichtzucker %
105	Cuba	Blütenhonig aus Camaguey	Habana	dunkelgelb, dünnflüssig, verunreinigt, in Gärung	1,0596	—	22,76	77,24	68,24	70,00	1,67	69,91	7,33
106	„	Aquinaldohonig aus Habana	„	hellgelb, dickflüssig, Blütenaroma	1,0627	—	18,61	81,39	71,28	72,92	1,56	72,84	8,55
107	Jamaika	Blütenhonig	Kingston	braungelb, dickflüssig, stark aromatisch	1,063	1,1165	*18,35	81,65	72,64	74,16	1,44	74,04	7,61
108	„	„	„	„	1,064	1,117	*17,0	83,0	74,16	76,32	2,05	76,21	6,79
109	„	„	„	„	1,0637	1,117	*17,4	82,6	76,8	77,28	0,45	77,25	5,35
110	Australien	Schleuderhonig aus Victoria (Grampians)	Sydney	schmutzig weiß, grünlich fluoreszierend, dick, weich kristallinisch, kein ausgesprochenes Aroma nach Eukalyptusöl	1,0649	1,1200	16,51	83,49	71,64	75,92	4,06	75,70	7,79
111	„	„	„	„	1,0647	—	16,72	83,28	71,76	75,56	3,61	75,37	7,91
112	„	„	„	„	1,0649	1,1202	16,46	83,54	73,00	76,40	3,23	76,23	7,31

D. Zusammenstellung der wichtigsten
Zusammensetzung

Laufende Nummer	Herkunftsland	Anzahl der Honige	Wassergehalt %			Invertzuckergehalt %			Rohrzuckergehalt %			Nichtzuckergehalt %			Asche %		
			Höchst	Niedrigst	Mittel	Höchst	Niedrigst	Mittel	Höchst	Niedrigst	Mittel	Höchst	Niedrigst	Mittel	Höchst	Niedrigst	Mittel
1	Österreich	9	19,05	15,70	17,51	78,56	61,96	73,13	7,18	0,25	2,46	13,42	2,43	6,90	0,673	0,066	0,2336
2	Ungarn	4	17,94	14,99	16,42	76,40	68,56	73,61	10,83	1,25	4,24	7,13	4,27	5,73	0,1445	0,052	0,0853
3	Rußland	24	22,36	17,03	19,74	78,32	68,36	73,54	3,88	0,38	1,60	8,81	2,14	5,21	0,3290	0,1770	0,2577
4	Rußland (Polen)	3	19,94	17,37	18,75	75,84	74,76	75,37	1,06	0,57	0,89	5,76	4,47	4,99	0,120	0,055	0,0875
5	Italien	10	19,00	16,00	17,68	76,08	71,12	74,11	6,9	0,19	3,41	6,18	3,77	4,83	0,209	0,0615	0,0972
6	Spanien	17	20,34	16,02	17,92	74,88	63,04	72,00	15,40	0,38	3,60	8,55	4,15	6,48	0,1630	0,027	0,0763

Bemerkungen: Zu Nr. 3. Der Invertzucker-, Rohrzucker- und Nichtzuckergehalt wurde nur bei 23 Proben, die Asche und der Phosphatgehalt sowie die Fällung nach Lund nur in 6 Proben (von 24) ermittelt.

Polarisation d. wässerigen Lösung 10 g zu 100 ccm im 200 mm Rohr in Kreisgraden vor d. Inversion °	nach d. Inversion °	Säure (ccm Normallauge für 100 g Honig)	Asche %	Alkalität der Asche ccm Normalsäure[2]) auf die Asche von 100 g Honig	auf 1 g Asche	Phosphatgehalt der Asche g PO_4 auf 100 g Honig	in 100 g Asche	Prüfung auf Diastase	Prüfung auf künstlichen Invertzucker nach Ley	nach Fiehe	Prüfung auf Stärkesirup nach Beckmann	nach Fiehe	Prüfung auf Melasse	Eiweißfällung nach Lund
— 1,77	— 2,05	3,37	0,2160	2,76	12,8	0,0256	11,9	in 20 Min. hellgelb	negativ (fluoreszierend)	negativ (rosa)	positiv (sofort Fällung)	negativ	negativ	1,47
— 1,25	— 1,75	1,34	0,0945	1,06	11,2	0,0105	11,1	in 15 Min. hellgelb	„	„	negativ	„	„	0,6
— 1,6	— 1,8	3,75	0,1900	2,45	12,9	0,025	13,2	in 20 Min. hellgelb	„	negativ (farblos)	„	„	„	1,2
— 1,4	— 1,85	2,48	0,1900	2,37	12,5	0,022	11,6	in 15 Min. hellgelb	„	negativ (rosa)	„	„	„	1,3
— 2,4	— 2,5	1,9	0,2740	3,24	11,8	0,0205	7,5	in 20 Min. hellgelb	„	„	„	„	„	1,1
— 2,48	— 3,19	1,06	0,1405	2,07	14,7	0,0110	7,8	in 50 Min. hellgelb	„	negativ (orange)	„	„	„	—
— 2,55	— 3,25	0,95	0,1610	2,33	14,5	0,0125	7,8	in 65 Min. rötlich braun	„	negativ (gelb)	„	„	„	—
— 2,51	— 3,19	1,03	0,1590	2,40	15,1	0,0150	9,4	in 65 Min. hellgelb	„	negativ (orange)	„	„	„	—

Untersuchungsergebnisse.

der Auslandshonige.

Phosphatgehalt nach der Veraschung (g PO_4 auf 100 g Honig)			Säuregrad (ccm N-Lauge für 100 g Honig)			Eiweißfällung nach Lund ccm Niederschlag			Ausfall der Prüfung auf künstlichen Invertzucker				Ausfall der Prüfung auf Stärkesirup				Ausfall d. Prüfung auf Diastase	
									nach Ley		nach Fiehe		n. Beckmann		nach Fiehe			
Höchst	Niedrigst	Mittel	Höchst	Niedrigst	Mittel	Höchst	Niedrigst	Mittel	negativ	positiv	negativ	positiv	negativ	positiv	negativ	positiv	positiv	negativ
0,0932	0,0135	0,0331	2,58	1,00	1,91	4,20	0,5	1,41	7	2	9	0	7	2	9	0	9	0
0,0235	0,0105	0,0155	1,75	0,78	1,16	1,3	0,6	0,88	4	0	4	0	4	0	4	0	4	0
0,0395	0,014	0,0223	2,32	0,60	1,27	2,65	0,75	1,61	3	0	21	1	4	0	4	0	6	3
0,0145	0,0115	0,0130	1,90	1,40	1,58	2,8	1,10	1,95	2	0	3	0	2	0	2	0	3	0
0,0235	0,008	0,0136	3,20	1,00	1,71	1,6	0,6	0,94	4	6	10	0	10	0	10	0	10	0
0,0525	0,0075	0,0185	3,61	0,62	1,57	1,55	0,37	0,74	9	8	17	0	15	0	15	0	16	0

Zu Nr. 4. Die Bestimmung der Asche und der Phosphate sowie die Fällung nach Lund wurde nur in 2 Proben (von 3) ausgeführt.

Zu Nr. 6. Die Asche und der Phosphatgehalt wurde nur in 13 Proben (von 17) ermittelt.

5*

Laufende Nummer	Herkunftsland	Anzahl der Honige	Wassergehalt %			Invertzucker-gehalt %			Rohrzucker-gehalt %			Nichtzucker-gehalt %			Asche %		
			Höchst	Niedrigst	Mittel	Höchst	Niedrigst	Mittel	Höchst	Niedrigst	Mittel	Höchst	Niedrigst	Mittel	Höchst	Niedrigst	Mittel
7	Portugal	2	19,65	19,40	19,52	72,64	71,28	71,96	3,49	0,83	2,16	8,24	4,47	6,36	0,244	0,232	0,2380
8	Ver. Staaten von Amerika	6	18,01	15,89	16,77	77,30	67,48	73,18	10,79	0,68	4,27	7,60	3,72	5,82	0,1505	0,052	0,0793
9	Mexiko	3	20,60	20,26	20,45	69,68	69,20	69,48	1,29	0,34	0,72	9,72	8,91	9,35	0,239	0,2175	0,2283
10	Brasilien	9	24,28	16,60	19,42	78,84	66,88	74,41	3,23	0,12	1,09	8,28	3,13	5,06	0,4502	0,064	0,2441
11	Argentinien	9	18,82	14,94	16,29	78,64	72,88	77,22	4,50	1,18	2,62	5,02	1,75	3,86	0,120	0,056	0,0846
12	Chile	5	19,90	16,70	18,18	75,24	71,72	74,08	2,12	0,81	1,29	10,20	4,35	6,45	0,189	0,1600	0,1735
13	Cuba	4	22,76	18,61	20,13	71,28	68,24	70,19	1,67	0,53	1,28	9,05	7,33	8,40	0,216	0,076	0,1266
14	Jamaika	3	18,35	17,00	17,58	76,8	72,64	74,53	2,05	0,45	1,31	7,61	5,35	6,58	0,274	0,190	0,2180
15	Australien	3	16,72	16,46	16,56	73,00	71,64	72,13	4,06	3,23	3,63	7,91	7,31	7,67	0,1610	0,1405	0,1535
	Gesamt	111	24,28	14,94	18,30	78,84	61,96	73,48	15,40	0,12	2,42	13,42	1,75	5,84	0,673	0,027	0,1499

Zu Nr. 12. Die Asche und der Phosphatgehalt wurde nur in 4 Proben, der Säuregrad in 3 Proben (von 5) ermittelt.

E. Angewandte Untersuchungsverfahren[1].

Vor der Untersuchung wurde eine gründliche Durchmischung der gesamten Honigprobe vorgenommen. War hierfür eine Erwärmung erforderlich, so wurde die Temperatur nicht über 45 ⁰ gesteigert.

1. Sinnenprüfung.

Die Honige wurden auf Aussehen, Farbe, Aroma, Geschmack und Konsistenz geprüft.

2. Bestimmung der Dichte der wässerigen Honiglösung.

a) Lösung von 20 g zu 100 ccm. 10,0 g Honig wurden in einem kleinen Bechergläschen abgewogen, in etwa 25 ccm destilliertem Wasser gelöst und die Lösung durch einen Kapillartrichter in ein Pyknometer von 50 ccm Inhalt gefüllt. Gläschen und Trichter wurden wiederholt mit Wasser nachgespült und das Pyknometer bei 15 ⁰ bis zur Marke aufgefüllt, wobei auf eine gute Durchmischung des Pyknometerinhaltes geachtet wurde.

b) 33$\frac{1}{3}$ %ige Lösung. 30 g Honig wurden in 60 g Wasser gelöst; die Dichte dieser Lösung wurde mittels des Pyknometers bei 15 ⁰ ermittelt.

---

[1] Vergl. auch „Entwurf zu Festsetzungen über Honig“, herausgegeben vom Kaiserlichen Gesundheitsamt (Verlag Julius Springer, Berlin 1912), und die Abhandlung: „Nachprüfung einiger wichtiger Verfahren zur Untersuchung des Honigs“ von J. Fiehe und Ph. Stegmüller (Arbeiten a. d. Kaiserlichen Gesundheitsamt 1912, **40**, 305).

Phosphatgehalt nach der Veraschung (g PO$_4$ auf 100 g Honig)			Säuregrad (ccm N-Lauge für 100 g Honig)			Eiweißfällung nach Lund ccm Niederschlag			Ausfall der Prüfung auf künstlichen Invertzucker				Ausfall der Prüfung auf Stärkesirup				Ausfall d. Prüfung auf Diastase	
									nach Ley		nach Fiehe		n. Beckmann		nach Fiehe			
Höchst	Niedrigst	Mittel	Höchst	Niedrigst	Mittel	Höchst	Niedrigst	Mittel	negativ	positiv	negativ	positiv	negativ	positiv	negativ	positiv	positiv	negativ
0,034	0,0335	0,0338	4,1	2,7	3,40	1,8	1,6	1,70	2	0	2	0	2	0	2	0	2	0
0,0145	0,0115	0,0129	1,55	0,69	1,19	0,75	0,5	0,64	6	0	6	0	6	0	6	0	6	0
0,0215	0,0185	0,0203	2,62	2,36	2,48	2,16	1,65	1,85	3	0	3	0	0	3	3	0	3	0
0,028	0,015	0,0218	4,44	0,78	2,55	4,35	0,5	1,69	8	1	8	0	5	4	9	0	5	4
0,0210	0,0075	0,0140	1,78	1,24	1,55	1,35	0,5	0,74	7	1	9	0	9	0	9	0	8	1
0,0415	0,0275	0,0326	2,70	2,20	2,49	1,70	0,93	1,23	5	0	5	0	5	0	5	0	4	0
0,0256	0,010	0,0155	3,37	1,34	2,02	1,47	0,6	0,93	4	0	4	0	3	1	4	0	5	0
0,025	0,0205	0,0225	3,75	1,9	2,71	1,3	1,1	1,20	3	0	3	0	3	0	3	0	3	0
0,015	0,011	0,0128	1,06	0,95	1,01	—	—	—	3	0	3	0	3	0	3	0	3	0
0,0932	0,0075	0,0198	4,44	0,60	1,79	4,35	0,37	1,13	70	18	107	1	78	10	88	0	87	8
									88		108		88		88		95	

Zur Prüfung auf künstlichen Invertzucker nach Fiehe: Bei 2 Proben von Nr. 3 und 1 Probe von Nr. 10 war der Ausfall der Reaktion zweifelhaft.

3. Bestimmung des Wassers und des Trockenrückstandes.

10 ccm einer 20 g in 100 ccm enthaltenden Honiglösung (= 2,0 g Honig)[1]) wurden mit 10 g ausgeglühtem reinem Quarzsand in einer flachen Glasschale gut vermischt und unter Umrühren auf dem Wasserbade eingetrocknet. Das weitere Austrocknen bis zum konstanten Gewicht geschah im luftverdünnten Raume in dem früher von uns angegebenen Apparat[2]) unter gleichzeitigem Durchleiten von getrockneter Luft bei einer Temperatur von 65—70°. Die Trockenzeit wurde im allgemeinen auf etwa 10 Stunden ausgedehnt, obwohl durchweg nach 5 Stunden kein wesentlicher Gewichtsverlust mehr festgestellt werden konnte. Die Schale wurde in bedecktem Zustande gewogen und der Gewichtsverlust als Wasser angesehen.

4. Bestimmung der freien Säure.

50 ccm der Honiglösung (= 10 g Honig) wurden mit $^1/_{10}$ normaler Alkalilauge titriert, bis ein Tropfen der Lösung empfindliches blauviolettes Lackmuspapier nicht mehr rötete. Der Gehalt an freier Säure ist in Milligrammäquivalenten (= ccm Normallauge) für 100 g Honig angegeben.

5. Bestimmung des direkt reduzierenden Zuckers.

10 ccm der Honiglösung (= 2,0 g Honig) wurden in einem Meßkolben von 250 ccm Inhalt mit gefälltem Aluminiumhydroxyd geklärt. Die Flüssigkeit wurde bis zur Marke aufgefüllt und filtriert.

---

[1]) Für diese und die nachfolgenden Versuche wurde eine Lösung von 50 g Honig zu 250 ccm verwendet.

[2]) Vergl. Arbeiten a. d. Kaiserlichen Gesundheitsamt 1912, **40**, 308.

Zur Bestimmung des direkt reduzierenden Zuckers wurden in einer vollkommen glatten Porzellanschale 50 ccm Fehlingscher Lösung mit 25 ccm Wasser gemischt und auf einem Drahtnetz zum Sieden erhitzt. Dieser siedenden Mischung wurden 25 ccm der vorbereiteten Honiglösung (= 0,2 g Honig) zugegeben und die Flüssigkeit genau 2 Minuten, vom Wiederbeginn des lebhaften Aufwallens an gerechnet, im Sieden gehalten. Das ausgeschiedene Kupferoxydul wurde durch ein gewogenes Asbestfilterröhrchen abfiltriert, mit heißem Wasser und zuletzt mit Alkohol und Äther gewaschen, getrocknet, durch Erhitzen unter Luftzutritt oxydiert und dann im Wasserstoffstrom reduziert. Nach dem Erkalten im Wasserstoffstrom wurde das Kupfer zur Wägung gebracht und mit den von E. Meißl ermittelten Reduktionsfaktoren auf Invertzucker umgerechnet.

6. Bestimmung des Rohrzuckers.

50 ccm der Honiglösung (= 10 g Honig) wurden in einem Meßkolben von 100 ccm Inhalt auf 75 ccm verdünnt, zur Inversion des Rohrzuckers mit 5 ccm Salzsäure vom spezifischen Gewicht 1,19 versetzt und im Wasserbade innerhalb $2^1/_2$ bis 5 Minuten auf 67 bis 70° erwärmt. Auf dieser Temperatur wurde der Kolbeninhalt noch 5 Minuten unter häufigem Umschütteln gehalten, dann wurde rasch abgekühlt, mit Kalilauge versetzt, bis die Lösung nur noch schwach sauer reagierte, gefälltes Aluminiumhydroxyd hinzugegeben und auf 100 ccm aufgefüllt.

20 ccm der dann filtrierten Lösung (= 2,0 g Honig) wurden mit Wasser auf 250 ccm aufgefüllt und der Gesamtzucker nach dem unter 5 beschriebenen Verfahren bestimmt und berechnet. Die Differenz zwischen Gesamtzucker und direkt reduzierendem Zucker, mit 0,95 multipliziert, ergab die Menge des Rohrzuckers.

7. Messung der Drehung des polarisierten Lichtes.

50 ccm der Honiglösung (= 10 g Honig) wurden in einem Meßkolben von 100 ccm Inhalt mit Aluminiumhydroxyd geklärt, auf 100 ccm aufgefüllt und filtriert. Nach 24 stündigem Stehen wurde die Drehung polarisierten Natriumlichtes durch diese Lösung bei 20° ermittelt.

In der gleichen Weise wurde die nach dem Verfahren unter 6 invertierte Honiglösung gemessen.

Die Drehungen sind für das 200 mm-Rohr in Kreisgraden angegeben.

8. Prüfung auf Dextrine des Stärkezuckers und Stärkesirups.

a) Verfahren von Beckmann.

5 ccm der Honiglösung (= 1,0 g Honig) wurden mit 3 ccm einer frisch bereiteten 2 %igen Baryumhydroxydlösung und 17 ccm Methylalkohol versetzt.

Die sofort auftretenden Trübungen und Fällungen wurden festgestellt. Starke, flockige Trübungen oder Niederschläge wurden als „positiv" angesehen, während geringe Trübungen als „negativ" bezeichnet wurden.

b) Verfahren von Fiehe.

5 g Honig wurden in 10 ccm Wasser gelöst; die Lösung wurde mit 0,5 ccm einer 5%igen Gerbsäurelösung versetzt und nach erfolgter Klärung filtriert. Ein Teil des Filtrats wurde nach Zugabe von je 2 Tropfen konzentrierter Salzsäure (spez. Gew. 1,19) auf jedes Kubikzentimeter der Lösung mit der 10fachen Menge absoluten Alkohols gemischt und die auftretenden Trübungen festgestellt.

Milchige Trübungen wurden als „positiv" angesehen, während sehr gering getrübte Lösungen sowie klare Lösungen als „negativ" bezeichnet wurden.

9. Prüfung auf Melasse.

5 ccm der Honiglösung (= 1,0 g Honig) wurden mit 2,5 g Bleiessig und 22,5 ccm Methylalkohol versetzt.

Schwere, weiße Niederschläge wurden als „positiv" angesehen, während geringe Trübungen als „negativ" bezeichnet wurden.

10. Fällung der Eiweißstoffe nach Lund.

10 ccm der Honiglösung (= 2,0 g Honig) wurden mit 10 ccm Wasser verdünnt und in die von Lund angegebenen Versuchsröhren gebracht. Die Röhren sind etwa 32 cm lang und im oberen Teil von 16 mm, im unteren Teil von 8 mm lichter Weite. Der untere Teil faßt 4,5 ccm und ist in $^1/_{10}$ ccm eingeteilt; der obere Teil ist in ccm eingeteilt.

Die Honiglösung wurde nun mit 5 ccm des Lundschen Phosphorwolframsäurereagens (2,0 g Phosphorwolframsäure, 20,0 g 20%ige Schwefelsäure und 80,0 g Wasser) versetzt, vorsichtig gemischt und mit Wasser auf 40 ccm aufgefüllt. Die Fällung erfolgte nach einiger Zeit in Form eines Niederschlages. Durch Drehen um die Längsachse wurde das Absetzen des Niederschlages gefördert. Nach 24stündigem Stehen wurde das Volumen des Niederschlages in ccm abgelesen.

11. Prüfung auf diastatische Fermente.

5 Probiergläser wurden mit je 5 ccm der frisch bereiteten Honiglösung (20 g zu 100 ccm) und mit je 1 ccm einer 1%igen Lösung von löslicher Stärke beschickt und im Wasserbade auf 40° erwärmt. Nach je 5 bis 10 Minuten wurde ein Röhrchen entnommen und die durch Zusatz einiger Tropfen Jod-Jodkaliumlösung (1,0 g Jod, 2,0 g Jodkalium und 300 ccm Wasser) entstehende Färbung festgestellt. Der Versuch wurde abgebrochen, wenn nach Zugabe der Jodlösung gelbe, gelbgrüne oder gelbbraune Färbungen auftraten oder wenn nach einer Stunde noch Blaufärbung auftrat, also keine Verzuckerung der Stärke bemerkbar war.

12. Prüfung auf künstlichen Invertzucker.

a) Nach Ley.

Als Reagens diente eine ammoniakalische Silberlösung, die folgendermaßen bereitet wurde: 10,0 g Silbernitrat wurden in 100 ccm Wasser gelöst und mit 20 ccm 15%iger Natronlauge gefällt. Das ausgeschiedene Silberoxyd wurde abgesaugt, mit

400 ccm Wasser gewaschen und in 10%igem Ammoniak gelöst bis zum Gewicht von 115 g.

Zur Prüfung auf künstlichen Invertzucker wurden 5 ccm einer 33⅓%igen Honiglösung in einem Probierglase mit 5 Tropfen Silberreagens versetzt. Das Probierglas wurde, mit einem Wattebausch verschlossen, 5 Minuten in ein siedendes Wasserbad gesetzt und die entstandene Färbung festgestellt.

Braunschwarze Färbungen, die des gelbgrünen Scheins entbehrten, sowie auch mehr oder minder vollständige Reduktionen mit oder ohne Bildung von Silberspiegel wurden als „positiv" im Sinne von künstlichem Invertzucker bezeichnet; als „negativ" wurden bezeichnet braunrote Färbungen oder solche braunschwarze, bei denen gleichzeitig die Flüssigkeit fluoreszierte.

b) Nach Fiehe.

Etwa 5 g Honig wurden mit reinem, über Natrium aufbewahrtem Äther im Mörser verrieben, der ätherische Auszug wurde in ein Porzellanschälchen abgegossen. Nach dem Verdunsten des Äthers bei gewöhnlicher Temperatur wurde der Rückstand mit einigen Tropfen einer frisch bereiteten Lösung von 1 g Resorzin in 100 g Salzsäure vom spezifischen Gewicht 1,19 befeuchtet.

Kirschrote, während einer halben Stunde beständige Färbungen wurden als „positiv" im Sinne von Kunsthonig angesehen, während gelbe, gelbgrüne, rosa, orange und schwach rote Färbungen, die zudem rasch verblaßten, als „negativ" bezeichnet wurden.

13. Bestimmung der Asche, der Alkalität der Asche und der Phosphate in der Asche.

10 bis 20 g Honig wurden in einer Platinschale mit kleiner Flamme verkohlt. Die Kohle wurde wiederholt mit kleinen Mengen heißen Wassers ausgezogen, der wässerige Auszug durch ein kleines Filter von bekanntem Aschengehalt filtriert und das Filter samt der Kohle in der Schale mit möglichst kleiner Flamme verascht. Alsdann wurde das Filtrat in die Schale zurückgebracht, zur Trockne verdampft, der Rückstand ganz schwach geglüht und nach dem Erkalten im Exsikkator gewogen.

Die Asche wurde mit überschüssiger ¹/₁₀ normaler Salzsäure und Wasser in ein Kölbchen aus Jenaer Geräteglas gespült, das mit einem Uhrglas bedeckte Kölbchen 10 Minuten lang auf dem siedenden Wasserbade erwärmt und die erkaltete Lösung nach Zusatz von 1 Tropfen Methylorange und wenigen Tropfen Phenolphthaleinlösung mit ¹/₁₀ normaler Alkalilauge bis zum Umschlag des Methylorange titriert. Darauf wurden 2 ccm einer 10%igen neutralen Chlorcalciumlösung hinzugegeben und bis zur schwachen Rötung des Phenolphthaleins titriert.

Die zur Neutralisation gegen Methylorange verbrauchten mg-Äquivalente Säure (= ccm Normalsäure) ergaben die Alkalität der Asche; die vom Umschlag des Methylorange bis zum Umschlag des Phenolphthaleins verbrauchten mg-Äquivalente Alkali (= ccm Normallauge) ergaben mit 47,52 multipliziert die in der Asche enthaltenen mg Phosphatrest (PO_4).

Zu Anfang unserer Versuche haben wir zur Bestimmung der Alkalität der Asche als Indikator Azolithminpapier verwendet. Die auf diese Weise ermittelten Werte, welche in der Tabelle mit * bezeichnet sind, sind um ein geringes niedriger als die mit Methylorange ermittelten Alkalitätszahlen.

F. Besprechung der Untersuchungsergebnisse.

Äußere Eigenschaften.

Die äußeren Eigenschaften — Aussehen, Farbe, Geschmack, Aroma und Konsistenz — wurden bei sämtlichen Honigen festgestellt. Wir halten diese Feststellungen, obgleich sie nicht frei von subjektiven Empfindungen sind, für wertvoll und geeignet, das Bild, welches uns die Analyse über den Honig gibt, zu vervollständigen. Bezüglich des Aussehens und der Beschaffenheit der Auslandshonige sei zunächst hervorgehoben, daß wir die vielfach vertretene Ansicht, die Auslandshonige seien durchweg minderwertig, nicht bestätigen können. Es hat sich vielmehr ergeben, daß die Honige, mit wenigen Ausnahmen, von guter Qualität und Beschaffenheit waren.

Die Farbe der Honige schwankte zwischen weiß und weißgelb bis schokoladenbraun und grünlichschwarzbraun. Die hellen Farben (weiß, weißgelb und hellgelb) waren bei Cruciferen- (Raps), Leguminosen- (Akazie, Klee und Esparsette) und Labiaten-Honigen (Rosmarin und Salbei) vertreten. Die mittleren Farben (dunkelgelb, grünlichgelb, tiefgelb) wiesen zumeist Honige gemischter Tracht (Wiesenblütenhonig), sowie auch in mehreren Fällen die in den meisten Ländern so sehr geschätzten Lindenblütenhonige auf. Von dunkler Farbe (dunkelbraun, schokoladenbraun, grünlichschwarzbraun) waren die Buchweizenhonige, Coniferenhonige und Waldhonige.

Die Farbe der Honige wird offenbar durch verschiedene Faktoren bedingt, von denen die Art der Tracht und die der Gewinnung wohl die wesentlichen sind. Durch eine Erhitzung des Honigs wird die Farbe stets dunkler; daher findet man, daß die sogenannten Seimhonige, die durch Erwärmen und nachfolgendes Pressen gewonnen sind, stets dunkler ausfallen als Schleuderhonige der gleichen Tracht. Für Buchweizenhonig ist die schokoladenbraune Farbe charakteristisch und für Heidehonig die rotbraune bis dunkelbraune Farbe. Hier ist die Farbe nicht auf die Gewinnung, sondern auf die Tracht zurückzuführen. Auch die schwarzbraunen bis grünlichschwarzen Coniferenhonige verdanken ihre Farben der Tracht. Da aber die zuletzt genannten Honige zumeist durch Auspressen und Erwärmen gewonnen werden, indem sich der Schleuderung dieser Erzeugnisse wegen ihrer zähen und schleimigen Beschaffenheit Schwierigkeiten entgegengestellt haben — neuerdings ist das Schleudern dieser Honige nach besonderer Vorbereitung der Waben möglich, — so werden die an und für sich dunklen Honige noch um einen Ton dunkler erscheinen.

Hinsichtlich des Geschmackes und des Aromas möchten wir erwähnen, daß Honige bestimmter Tracht auch im Gemisch mit anderen Honigen wohl mit Sicherheit am Geschmack und Aroma erkannt werden können. Dies trifft besonders für Buchweizenhonig zu, welcher ein starkes und eigenartiges Aroma besitzt. Auch Heidehonig und Coniferenhonig sind leicht am Geschmack zu erkennen. Insbesondere möchten wir hervorheben, daß es keiner besonderen Übung bedarf, einen Coniferenhonig von einem Blütenhonig zu unterscheiden. Wenn man Vertreter der beiden Honigarten einmal in Händen gehabt hat, wird die Unterscheidung leicht möglich sein. Diese Tatsache erscheint uns deshalb von besonderer Bedeutung, weil es keineswegs an-gebracht ist, an Coniferen- und Blütenhonig die gleichen Anforderungen zu stellen. Während sich z. B. die Blütenhonige durchweg als rohrzuckerarm erwiesen haben, sind im Gegensatz hierzu bei Coniferenhonigen zumeist verhältnismäßig große Rohr-zuckermengen beobachtet worden. Während ferner eine nach der Inversion ver-bleibende Rechtsdrehung bei Blütenhonig sehr verdächtig ist, wird ein Coniferenhonig nach der Inversion normalerweise die Polarisationsebene nach rechts drehen.

Bemerkenswert erscheint es uns noch, daß mehrere Orangenblütenhonige ein ausgesprochenes Aroma nach dem ätherischen Öl der Orangenblüten besaßen, während anderen Honigen von angeblich der gleichen Tracht diese Eigenschaft abging. Die australischen Honige, welche vorwiegend von Eukalyptusblüten stammen sollen, besaßen ferner kein ausgesprochenes Aroma nach Eukalyptusöl.

Aus der Konsistenz der Honige wird im allgemeinen wenig zu folgern sein. Der Vollständigkeit halber haben wir aber auch die Angaben bezüglich der Konsistenz in unsere Zusammenstellung aufgenommen. Es dürfte vielleicht noch zu erwähnen sein, daß die Farbe des Honigs insofern durch die Konsistenz beeinflußt wird, als zum Beispiel hellgelbe flüssige Honige nach der Kristallisation rein weiß erschienen.

Wassergehalt.

Der Wassergehalt der Honige schwankte zwischen 14,94 und 24,28% und betrug im Mittel von 111 Honigen 18,30%. Nur in 3 Fällen (Nr. 21, 82 und 105) betrug die Wassermenge über 22%; zwei dieser Honige waren in Gärung übergegangen. Ein über 22% liegender Wassergehalt scheint somit für die Haltbarkeit des Honigs wenig günstig zu sein.

Die von uns gefundenen Wassermengen liegen innerhalb der Grenzen, die auch von anderer Seite bei Auslandshonigen und deutschen Honigen beobachtet worden sind. Lendrich und Nottbohm[1] fanden in 63 Auslandshonigen Wassermengen von 14,59 bis 21,34%; im Mittel betrug der Wassergehalt 18,26%. Browne[2] ermittelte in 99 amerikanischen Honigproben 12,42 bis 26,88% Wasser, im Mittel betrug der Wassergehalt 17,59%; nur 2 Honigproben, die unreif geerntet waren, überschritten die Grenze von 25% Wasser. Etwas höhere Wassermengen findet Bryan[3] in Honig-proben von Kuba, Mexiko und Haiti; bei 72 Honigen schwankte der Wassergehalt von 16,05 bis 27,0% und betrug im Mittel 21,26%.

Über den Wassergehalt der Schweizer Honige gibt uns die Schweizerische Honigstatistik[4] Auskunft. Nach dieser schwankte der Wassergehalt von 284 Honigen des Jahres 1909 zwischen 8,9 und 21,24% und bei 230 Honigen des Jahres 1910 von 12,60 bis 23,50%.

---

[1] Zeitschrift f. Unters. d. Nahrungs- und Genußmittel 1911, **22**, 634.
[2] Zeitschrift d. Vereins Deutsch. Zuckerind. 1908, **45**, 751.
[3] U. S. Department of Agriculture, Bureau of Chemistry, Bulletin Nr. 154, 1912.
[4] Schweizerische Bienenzeitung 1910, Nr. 7 und 1911 Nr. 7.

Reese, Ritzmann und Isernhagen [1]) fanden in schleswig - holsteinischen Honigen folgende Wassermengen:

Wassergehalt schleswig-holsteinischer Honige	Mittlerer Wert	Höchster Wert	Niedrigster Wert
6 Rapshonige	18,51%	19,18%	17,77%
31 Kleehonige	17,70 „	20,89 „	16,30 „
7 Lindenhonige	19,15 „	20,65 „	17,32 „
4 Buchweizenhonige	19,58 „	20,50 „	18,46 „
2 Heidehonige	21,58 „	—	—
30 Gemischte Honige	18,77 „	21,73 „	16,93 „

Nach Untersuchungen von Witte [2]) betrug der Wassergehalt von 24 reinen Honigen 13,86 bis 20,80% und im Mittel 17,18% und im Werke von König [3]) wird der durchschnittliche Wassergehalt von 173 linksdrehenden Honigen mit 18,96% angegeben.

Das deutsche Arzneibuch (5. Ausgabe 1910) hat nun die Forderung aufgestellt, daß das spezifische Gewicht der wässerigen Honiglösung $1+2$ mindestens 1,11 betragen muß. Diese Dichte würde einem Wassergehalt von 22,5% (nach der Tabelle von Windisch) entsprechen. Nach den „Vereinbarungen zur einheitlichen Untersuchung und Beurteilung von Nahrungs- und Genußmitteln für das Deutsche Reich" soll das spezifische Gewicht der wässerigen Honiglösung $1+2$ gleichfalls nicht unter 1,11 betragen.

Auch der Verein deutscher Nahrungsmittelchemiker hat in den Vorschlägen des Ausschusses zur Abänderung des Abschnittes Honig der „Vereinbarungen" [4]) eine Dichte von 1,11 für die $33^{1}/_{3}$ %ige Honiglösung verlangt. In dem vom Kaiserlichen Gesundheitsamt herausgegebenen „Entwurf zu Festsetzungen über Honig" [5]) ist der zulässige Höchtgehalt an Wasser mit 22% angegeben; der mittlere Wassergehalt reiner Honige beträgt nach diesen Festsetzungen 20%.

Ein Wassergehalt, der 22% überschreitet, dürfte in der Tat zumeist darauf hinweisen, daß der Honig unreif geerntet wurde. Die von den Bienen eingetragenen Nektariensäfte sind durchweg sehr wasserreich. Nach Untersuchungen von A. von Planta [6]) schwankt der Wassergehalt zwischen 59,23 und 84,70%. Der größte Teil dieses Wassers wird nun von den Bienen fortgeschafft und findet sich nicht mehr im reifen Honig. Der Zeitpunkt der Reife des Honigs ist gekennzeichnet durch die vollendete Deckelung der Waben. Über das Ernten von reifem und unreifem Honig schreibt Professor Sajo in seinem bekannten Werkchen „Unsere Honigbiene" [7]) folgendes (S. 38):

[1]) Zeitschrift f. Unters. d. Nahrungs- und Genußmittel 1910, **19,** 625.
[2]) Zeitschrift f. Unters. d. Nahrungs- und Genußmittel 1909, **18,** 625.
[3]) Chemie der menschlichen Nahrungs- und Genußmittel 4. Aufl., I. Bd., S. 923.
[4]) Zeitschrift f. Unters. d. Nahrungs- und Genußmittel 1907, **14,** 17.
[5]) Verlag von Julius Springer, Berlin, 1912.
[6]) König, Chemie d. menschl. Nahrungs- und Genußmittel, 4. Aufl., I. Bd., S. 927.
[7]) Stuttgart, Kosmos, Gesellschaft der Naturfreunde.

„Es ist überhaupt eine allbekannte Tatsache, daß der Honig umso besser und aromatischer ist, je länger man ihn im Bienenstock selbst lagern und reif werden läßt. Die moderne Imkerei kann aber so hochgradige Reife nicht abwarten, weil man die Waben, sobald sie mit Honig gefüllt sind, sogleich herausnehmen und den Honig aus ihnen herausschleudern muß, um reichere Ernte zu erzielen. Immerhin ist es aber Regel, daß man den Zeitpunkt abwarte, in denen die Honigzellen bereits verdeckelt, also mit den kleinen Wachskäppchen verschlossen sind. Werden die Honigwaben früher herausgenommen, so enthalten sie noch unreifen Honig, der mehr als 25 % Wasser birgt. Und ein Wassergehalt, der 25 % übersteigt, gefährdet die Haltbarkeit der Ware, da solcher Honig in Gärung übergeht und dadurch natürlich verdirbt."

Die von uns bei Auslandshonigen beobachteten Wassermengen liegen fast durchweg innerhalb der Grenzen reifer Honige und können somit als normal bezeichnet werden.

Invertzuckergehalt.

Der Invertzuckergehalt der Honige schwankte zwischen 61,96 und 78,84 % und betrug im Mittel 73,48 %. Im allgemeinen — nämlich bei allen linksdrehenden Honigen — lag die Menge des Invertzuckers zwischen 70 und 80 %. Nur 3 Honige waren rechtsdrehend. Von diesen war einer (Nr. 8) als Coniferenhonig bezeichnet und enthielt 64,80 % Invertzucker. Der zweite (Nr. 9) war als Wiesenblumenhonig bezeichnet und enthielt 61,96 % Invertzucker. Den äußeren Eigenschaften und der Zusammensetzung nach charakterisierte sich aber dieser Honig als ein Erzeugnis, welches nicht unbeträchtliche Mengen Honigtau enthielt. Der dritte rechtsdrehende Honig war ein Rosmarinhonig aus Spanien (Nr. 56). Dieser verdankte seinen niedrigen Invertzuckergehalt einer Rohrzuckermenge von 15,40 %. Invertzuckermengen von 70 bis 80 % können als normal für Blütenhonige angesehen werden, im Gegensatz zu den Coniferenhonigen und Honigtauhonigen, deren Invertzuckergehalt durchweg zwischen 60 und 70 % liegt. Bei den letzteren Honigen hat man mit einem erhöhten Dextrin- und Rohrzuckergehalt und dementsprechend erniedrigtem Invertzuckergehalt zu rechnen. Charakteristische Beispiele für die Zusammensetzung reiner Blütenhonige und für Honige, die mehr oder minder große Mengen Honigtau enthalten, geben die von Reese (a. a. O.) angeführten Analysen schleswig-holsteinischer Blütenhonige des Jahres 1908 und die Analysenzusammenstellung der Schweizerischen Honig-statistik von Honigen des Jahres 1909 (a. a. O.). Bei sämtlichen schleswig-holsteinischen Blütenhonigen lag der Invertzuckergehalt zwischen 70 und 80 %, während die Schweizerhonige zum größten Teil Invertzuckermengen enthielten, die unter 70 % lagen. Da die Bienen, nach den Angaben der genannten Statistik, in den Monaten Juni bis August vorzugsweise auf die Sammlung von Blatthonig (Honigtau) angewiesen waren, so werden die niedrigen Invertzuckermengen dieser Honige erklärlich.

In den „Vereinbarungen" ist der durchschnittliche Invertzuckergehalt der Honige mit 70 bis 80 % angegeben; diese Werte können sich nach dem Vorher-gesagten nur auf Blütenhonige beziehen, mit Honigtauhonig war wohl im Hinblick auf die geringe Bedeutung, welche diesen Erzeugnissen zugemessen wird, nicht gerechnet worden. Abgesehen davon, daß der Honigtau in heißen Jahren auch bei uns in Norddeutschland eine nicht unbeträchtliche Nährquelle für die Bienen darstellt und die Honigtauhonige in solchen Jahren eine größere Bedeutung erlangen können (z. B. im Jahre 1911), muß noch berücksichtigt werden, daß im Süden des Reiches, besonders im Schwarzwald und in den Vogesen, die Coniferen- und Honigtauhonige und nicht die Blütenhonige die Normalware darstellen. Diese Honige enthalten aber, wie bereits angeführt, Invertzuckermengen, die durchweg zwischen 60 und 70% liegen. Auf die großen Schwankungen bezüglich des Invertzuckergehaltes haben auch die Vorschläge des Ausschusses zur Abänderung des Abschnittes Honig der „Vereinbarungen" insofern Rücksicht genommen, als sie den Glykosegehalt mit $22{-}44\%$ und den Fruktosegehalt mit $32{-}49\%$ angeben.

Nach den Angaben des „Entwurfs zu Festsetzungen über Honig" enthalten Blütenhonige im allgemeinen 70 bis 80% und Honigtau- und Coniferenhonige gewöhnlich nur 60 bis 70% Invertzucker.

Rohrzuckergehalt.

Der Rohrzuckergehalt der Honige schwankte zwischen 0,12 und $15,40\%$ und betrug im Mittel $2,42\%$. Ein Gehalt von 10% Rohrzucker wurde in 4 Fällen überschritten. Einer dieser Honige war ein Vusperkrauthonig aus Ungarn (Nr. 10), 2 Honige stammten aus Spanien und waren ihrer Bezeichnung nach Rosmarinhonig (Nr. 56) und Orangenblütenhonig (Nr. 61), und 1 Honig (Nr. 75) trug den Namen Luzernehonig aus Utah (Vereinigte Staaten von Amerika). Während der Vusperkrauthonig und der Luzernehonig die Grenze von 10% nur wenig überschritten (10,83 und $10,79\%$), enthielt der Rosmarinhonig 15 40 und der Orangenblütenhonig $12,12\%$ Rohrzucker.

Die Annahme, daß vielleicht Rosmarinhonige und Orangenblütenhonige ganz allgemein einen abnorm hohen Rohrzuckergehalt aufzuweisen haben, erscheint im Hinblick auf andere in der Zusammenstellung unter gleicher Bezeichnung aufgeführte Honige nicht haltbar. Da die Honige aus zuverlässiger Quelle stammten und an eine Verfälschung in einem Lande, in welchem der Zucker 40% teurer ist als Honig (vergl. Konsulatsbericht über Spanien), nicht gedacht werden kann, so kann nur angenommen werden, daß es sich um unreif geerntete Honige handelt. Das gleiche dürfte für den Vusperkraut- und Luzernehonig zutreffen. Auch die sonstigen Eigenschaften, insbesondere der Ausfall der Fermentreaktionen (geschwächte Diastase), sprechen für die mangelnde Reife dieser Honige. Die in den Nektariensäften vorhandenen natürlichen Rohrzuckermengen haben nicht lange genug unter dem gleichzeitigen Einfluß von Stockwärme und invertierender Fermente gestanden, um in Glykose und Fruktose gespalten zu werden. Daß in Nektariensäften hohe Rohrzuckermengen vorkommen können, ist wiederholt festgestellt worden. Planta[1] fand in Hoya-Nektar $87,44\%$ Rohrzucker (auf Trockenmasse berechnet). Wilson[2] stellte gleichfalls im

---

[1] Zeitschrift f. physiol. Chemie 1886, **10**, 227; vgl. König a. a. O.

[2] Chem. News 1878, **38**, 93; vgl. Browne a. a. O.

Blütennektar zahlreicher Pflanzen größere Rohrzuckermengen fest; er fand in der Fuchsie 5,9 mg auf eine Blüte und im roten Klee 1,98 mg auf ein Blütenköpfchen. Auch Bonnier[1]) ermittelte im Esparsettenektar Rohrzuckermengen von 57,2 % der Trockenmasse. Nach Untersuchungen des gleichen Forschers enthielt der Nektar des Geisblattes neben 76 % Wasser und 9 % reduzierendem Zucker 12 % Rohrzucker.

Im Honig sind dagegen weit geringere Rohrzuckermengen als im Nektar auf-gefunden worden. Die linksdrehenden Blütenhonige haben sich dabei als weniger reich an Rohrzucker erwiesen als die rechtsdrehenden Honigtau- und Coniferenhonige. Ob bei den letzteren Honigen der hohe Gehalt an Saccharose nur ein scheinbarer ist und das nach der Inversion gefundene „Mehr" an reduzierendem Zucker auf eine Spaltung der Honigdextrine zurückzuführen ist, mag hier dahingestellt bleiben. Von den zahlreichen Literaturangaben über den Gehalt der Honige an Rohrzucker seien folgende angeführt:

Browne (a. a. O.) fand bei 92 linksdrehenden Honigen Rohrzuckermengen von 0,00 bis 10,01 % und im Mittel 1,90 %. Bryan (a. a. O.) ermittelte in 72 links-drehenden Honigen 0,00 bis 3,98 % Rohrzucker; im Mittel betrug der Rohrzucker-gehalt 0,80 %. Lendrich und Nottbohm (a. a. O.) fanden in Auslandshonigen, die sämtlich linksdrehend waren, Rohrzuckermengen von 0,04 bis 5,36 % und im Mittel 1,48 %. In 23 deutschen Blütenhonigen fand Witte (a. a. O.) Rohrzuckermengen von 1,6 bis 7,55 %. Im Werke von König (a. a. O.) wird der mittlere Gehalt der linksdrehenden Honige an Saccharose mit 2,69 % angegeben; die Schwankungen betragen bei 173 Honigen 0,10 bis 10,12 %. Zu erwähnen bleiben noch die Angaben von Reese (a. a. O.) über die Zusammensetzung schleswig-holsteinischer Blütenhonige. Diese Honige enthielten folgende Rohrzuckermengen:

	Mittlerer Wert	Höchster Wert	Niedrigster Wert
6 Rapshonige	0,98 %	2,66 %	0,34 %
1 Obstblütenhonig	1,12 „	—	—
31 Kleehonige	0,97 „	2,48 „	0,09 „
7 Lindenhonige	0,50 „	1,15 „	0
4 Buchweizenhonige	1,48 „	3,75 „	0,14 „
2 Heidehonige	0,50 „	—	—
30 Gemischte Honige	0,56 „	2,80 „	0

In Honigtau- und Coniferenhonigen sind, wie bereits erwähnt, im allgemeinen größere Rohrzuckermengen als in Blütenhonigen beobachtet worden.

So fand Schaffer[2]) in 5 Honigtauhonigen 8,09, 11,28, 10,23, 11,28 und 6,52 % Rohrzucker und Hefelmann[3]) ermittelte in gleichfalls 5 Honigen, die vom Honigtau der Laubbäume stammten, Rohrzuckermengen von 5,77, 5,30, 4,60, 18,40, und 6,98 %. Die Honigtauhonige der mehrfach erwähnten Schweizerischen Honig-

[1]) Vgl. Browne a. a. O.

[2]) Zeitschrift f. Unters. der Nahrungs- und Genußmittel 1908, **15**, 604.

[3]) Pharm. Centralhalle 1894, **35**, 481.

statistik des Jahres 1909 erwiesen sich ferner durchweg als stark saccharosehaltig. Der mittlere Saccharosegehalt rechtsdrehender Coniferenhonige wird endlich im Werke von König (a. a. O.) mit 5,30% angegeben.

Nach den „Vereinbarungen" und nach den bereits näher bezeichneten „Abänderungsvorschlägen" soll der Gehalt des Honigs an Rohrzucker 10% nicht übersteigen. Im „Entwurf zu Festsetzungen über Honig" ist diese Grenze für Blütenhonig auf 8% und für Honigtauhonig auf 10% festgesetzt worden.

Ein höherer Rohrzuckergehalt dürfte in der Tat bei sonst reinem Honig auf Unreife des Honigs hinweisen. Sajo schreibt in seinem Werkchen „Unsere Honigbiene" über diesen Punkt folgendes (S. 39):

„Übrigens besteht der Reifungsvorgang des Honigs nicht bloß im Verdampfen des überschüssigen Wassers, sondern auch in der Bildung von Invertzucker. Unreifer Honig enthält oft 10% Rohrzucker, während der reife keinen oder höchstens 2—3% davon enthält. Eine Ware, deren Rohrzuckergehalt 8% übersteigt, kann nur als minderwertiges Erzeugnis gelten."

Dieser Ansicht möchten wir uns anschließen, jedoch mit der Einschränkung, daß Honigtau- und Coniferenhonige größere Rohrzuckermengen als 8% normalerweise enthalten können.

Bezüglich der rohrzuckerreichen Honige unserer Sammlung möchten wir noch bemerken, daß diese in ihren Erzeugungsländern, Spanien und Vereinigte Staaten von Amerika, zu beanstanden gewesen wären, da in diesen Ländern die höchstzulässige Grenze an Rohrzucker im Honig mit 8% festgesetzt ist. Aus dieser Festsetzung kann auch geschlossen werden, daß größere Rohrzuckermengen als 8% bei reinen Honigen in diesen Ländern höchst selten beobachtet sind.

Zuckerfreier Trockenrückstand.

Der zuckerfreie Trockenrückstand („Nichtzucker") der Honige schwankte zwischen 1,75 und 13,42% und betrug im Mittel 5,84%. Die höchsten Werte wiesen die Honige mit Coniferentracht auf (Nr. 8 und 9), während den niedrigsten Wert ein weißer argentinischer Blütenhonig, der dem Geschmack nach als Luzernehonig anzusehen war, besaß.

Da wir unter zuckerfreiem Trockenrückstand alle unbestimmten Stoffe einschließlich Dextrin verstehen, so werden naturgemäß die Coniferenhonige, welche sich durch einen hohen Gehalt an Honigdextrinen auszeichnen, mehr „Nichtzucker" enthalten als die Blütenhonige.

Über die bei Blüten- und Coniferenhonigen beobachteten Nichtzuckermengen finden sich in der Literatur zahlreiche Angaben.

Reese (a. a. O.) findet in schleswig-holsteinischen Blütenhonigen folgende Nichtzuckermengen:

	Mittlerer Wert	Höchster Wert	Niedrigster Wert
6 Rapshonige	2,31 %	3,19 %	1,39 %
31 Kleehonige	3,92 „	5,27 „	1,53 „
7 Lindenhonige	5,52 „	7,23 „	4,03 „
4 Buchweizenhonige	5,01 „	5,50 „	4,70 „
2 Heidehonige	4,15 „	—	—
30 Gemischte Honige	4,50 „	6,07 „	1,67 „

Lendrich und Nottbohm (a. a. O.) ermittelten in linksdrehenden Auslands-honigen Nichtzuckermengen von 0,94 bis 8,86 % und im Mittel 4,65 %. Während die Honige der einzelnen Länder im Durchschnitt annähernd 3 % Nichtzucker und darüber hatten, lag bei Hawaiihonig dieser Wert bei 1,51 %. Letztere Honige zeigten aber nicht nur bezüglich des Nichtzuckers, sondern auch hinsichtlich der Asche (Chloridgehalt), Gesamtsäure, Stickstoff und Fällung nach Lund so auffallende Befunde, daß den Forschern Zweifel an der Reinheit der Erzeugnisse aufstoßen. Sie schreiben: „Wir erachten das beigebrachte Material nicht für ausreichend, um daraus den Schluß zu ziehen, daß es sich um Eigenarten in der Produktion dieser Länder handelt."

Bei Coniferen- und Honigtauhonig ist, wie bereits bemerkt, mit einer erhöhten Menge von „Nichtzucker" zu rechnen. Die von Schaffer (a. a. O.) untersuchten fünf Honigtauhonige enthielten 14,38, 13,52, 13,04, 14,92 und 13,63 % Nichtzucker; in 4 anderen eingesandten Coniferenhonigen betrugen die Werte 15,53, 16 41, 16,79 und 14,77 %. Die Honigtauhonige der Schweizerischen Honigstatistik des Jahres 1909 (a. a. O.) zeichnen sich durchweg durch hohen Nichtzuckergehalt aus, und im Werke von König wird der mittlere Nichtzuckergehalt rechtsdrehender Honige mit 7,31 % gegenüber 3,89 % bei linksdrehenden Honigen angegeben.

Die „Vereinbarungen" und die Vorschläge des Ausschusses zur Abänderung des Abschnittes Honig der „Vereinbarungen" geben die niedrigste Grenze für den Nicht-zuckergehalt reiner Honige mit 1,5 % an; in dem „Entwurf zu Festsetzungen über Honig" ist diese Grenze beibehalten worden.

Der Wert einer solchen Festsetzung ist vielfach gering eingeschätzt worden, da die Grenze für den Nichtzucker mit Rücksicht auf die Zusammensetzung notorisch reiner Honige sehr niedrig gezogen werden mußte und somit die Möglichkeit besteht, Honige (mit hohem Nichtzucker) mit erheblichen Mengen Invertzucker zu versetzen, ohne daß die Grenze von 1,5 % unterschritten würde.

Säuregehalt.

Im Hinblick auf unsere geringe Kenntnis über die Art der Säuren des Honigs wurde davon Abstand genommen, die Säure des Honigs als Ameisensäure zu be-rechnen. Der Säuregehalt wurde vielmehr in Milligrammäquivalenten (= ccm Normal-lauge) für 100 g Honig angegeben. Die Werte schwankten zwischen 0,60 und 4,44 und betrugen im Mittel 1,79. Da 1 ccm Normallauge 0,046 g Ameisensäure neu-tralisiert, so würden unsere Ergebnisse einem Ameisensäuregehalt von 0,027—0,204 % entsprechen.

Der Säuregehalt war somit großen Schwankungen unterworfen, eine Beobachtung, die auch von anderer Seite gemacht worden ist.

Reese (a. a. O.) ermittelte in schleswig-holsteinischen Honigen folgende Säuregrade:

	Mittlerer Wert ccm n-Lauge	Höchster Wert ccm n-Lauge	Niedrigster Wert ccm n-Lauge
6 Rapshonige	1,53 %	1,97 %	0,95 %
31 Kleehonige	1,91 „	3,25 „	1,10 „
7 Lindenhonige	3,12 „	3,90 »	2,15 „
4 Buchweizenhonige	2,85 „	3,60 „	3,25 „
2 Heidehonige	2,93 „	—	—
30 Gemischte Honige	2,46 „	3,20 „	1,25 „

Bei Auslandshonigen beobachteten Lendrich und Nottbohm (a. a. O.) größere Schwankungen, nämlich 0,60 bis 5,9 ccm für 100 g Honig und im Mittel 2,30. Ähnliche Werte werden von anderer Seite berichtet; es dürfte sich erübrigen, auf die Ergebnisse im einzelnen einzugehen.

Nach den „Vereinbarungen" enthält Honig 0,2 % und mehr Ameisensäure. Die Vorschläge des Ausschusses der „Freien Vereinigung" zur Abänderung des Abschnittes Honig der „Vereinbarungen" geben den Ameisensäuregehalt mit 0,1 bis 0,2 % an. Im „Entwurf zu Festsetzungen über Honig" ist der Gehalt an „organischer Säure" in der gleichen Höhe aufgeführt; außerdem werden als Höchstgrenze für den Säuregehalt 5 Milligrammäquivalente für 100 g Honig festgesetzt. In Übereinstimmung mit diesen Angaben verlangt das Deutsche Arzneibuch, daß zum Neutralisieren von 10 g Honig höchstens 0,5 ccm Normallauge erforderlich sein dürfen.

Eine Überschreitung dieser Grenze konnte von uns bei den Auslandshonigen nicht festgestellt werden.

Mit Rücksicht auf die hohen Schwankungen, welchen der Säuregehalt der Honige unterliegt, wird diesem Merkmal für die Beurteilung nur geringe Bedeutung zuzumessen sein. Wenngleich es zutreffend ist, daß sich verfälschte Honige und Kunsthonige im allgemeinen als säurearm erwiesen haben, so ist es doch auch andererseits feststehend, daß naturreine Honige sehr arm an Säure und in Ausnahmefällen sogar säurefrei sein können (vgl. Bryan (a. a. O.) Honig Nr. 6666).

Eiweißfällung nach Lund.

Unsere Ansicht über den Wert der Eiweißfällung nach Lund haben wir bereits in einer früheren Abhandlung bekannt gegeben [1]).

Die bei den vorliegenden Auslandshonigen beobachteten Niederschlagsmengen schwankten zwischen 0,37 und 4,35 ccm und betrugen im Mittel 1,13 ccm.

Nach den Angaben von Lund sollen die Niederschlagsmengen 0,6—2,7 ccm und im Mittel 1,1 betragen.

---

[1]) Arbeiten aus dem Kaiserl. Gesundheitsamte 1912, **40**, 348.

Unter Berücksichtigung unserer Ergebnisse müßten diese Grenzen eine beträchtliche Erweiterung erfahren. Würde man die anderweitig bekannt gegebenen Untersuchungsergebnisse berücksichtigen (vgl. Arb. a. d. Kaiserl. Gesundheitsamte Bd. 40), so würden aber auch diese erweiterten Grenzen nicht ausreichen, da bei Auslandshonigen mit dem Lundschen Reagens sogar keine Niederschläge und bei einheimischem Heidehonig Niederschläge bis zu 6 ccm beobachtet worden sind. Hiermit erscheint aber der Wert des Verfahrens in Frage gestellt.

Der Versuch, die fällbaren Stickstoffverbindungen des Honigs mit für die Beurteilung heranzuziehen, ist im übrigen bereits vor vielen Jahren gemacht worden. Im Jahre 1902 hat Marpmann[1]) ein Verfahren zur Untersuchung und Beurteilung des Honigs angegeben unter Zugrundelegung der Annahme, daß in jedem Naturhonig eine bestimmte Menge von Peptonen und Albuminstoffen enthalten sei und daß Kunsthonigen diese Stoffe fehlten. Das Verfahren, welches in einer Fällung des Honigs mittels Sozojodol bestand, hat sich aber nicht einzubürgern vermocht.

Wir können, wie wir in unserer früheren Abhandlung bereits ausgeführt haben, dem Lundschen Verfahren keinen zu großen Wert beimessen. Als weiteres Merkmal zur Bestätigung des Verdachtes eines Invertzuckerzusatzes soll aber immerhin dem Verfahren eine gewisse Bedeutung nicht abgesprochen werden.

Es sei noch erwähnt, daß der eine Kunsthonig der Tabelle (Nr. 38) mit dem Lundschen Reagens 0,3 ccm Niederschlag gab.

Prüfung auf künstlichen Invertzucker.

Über die Verfahren zum Nachweis von künstlichem Invertzucker ist bereits an anderer Stelle eingehend berichtet worden[2]); hier ist nur weniges hinzuzufügen.

Das Verfahren von Ley hat bei der Untersuchung der Auslandshonige in 18 Fällen bei insgesamt 88 untersuchten Honigproben im Stich gelassen. Da diese Honigproben sämtlich verhältnismäßig geringe Fällungen mit Phosphorwolframsäure gaben (0,37 bis 0,8 ccm und in einem Falle 1 ccm), so glauben wir, daß der positive Ausfall der Leyschen Reaktion auf den geringen Gehalt an fällbaren Eiweißstoffen zurückzuführen ist. Daß hierbei aber noch andere Umstände eine Rolle spielen, dürfte wohl anzunehmen sein. Es folgt dies auch daraus, daß Honige mit gleichen Mengen fällbarer Eiweißstoffe sich nach Ley verschieden verhielten.

Aus unseren Untersuchungsergebnissen geht hervor, daß bei einem positiven Ausfall der Leyschen Reaktion noch keineswegs auf die Gegenwart von künstlichem Invertzucker im Honig geschlossen werden darf. Der eine Kunsthonig der Tabelle (Nr. 38) verhielt sich in der von Ley angegebenen Weise und reduzierte die Silberlösung völlig.

Das Verfahren von Fiehe hat sich dagegen bei der Untersuchung der Auslandshonige gut bewährt. Um möglichst unbefangen vorzugehen, wurde das Verfahren von jedem von uns getrennt an den Auslandshonigen ausgeführt. Auch wurde die Prüfung nach etwa Jahresfrist wiederholt, um festzustellen, ob vielleicht eine Änderung

---

[1]) Pharm. Ztg. 1902, **47,** 748.
[2]) Arbeiten aus dem Kaiserl. Gesundheitsamte 1912, **40,** 328.

im Reaktionsausfall zu verzeichnen sei. Eine solche konnte aber nicht beobachtet werden.

Es hat sich nun ergeben, daß drei aus Rußland stammende Honige Reaktionen aufwiesen, die zu Zweifeln hätten Anlaß geben können. Außerdem gab ein brasilianischer Honig stärkere Färbungen mit Resorzinsalzsäure. Von diesen vier Honigen gab aber nur ein Honig (Nr. 20) Färbungen, die über $^1/_2$ Stunde beständig waren. Sämtliche vier Honige enthielten ferner keine Diastase mehr und waren ihren äußeren Eigenschaften nach als **stark erhitzt** zu bezeichnen, indem sie zum Teil stark angebrannt schmeckten und von dunkler Farbe waren. Nach den von uns ausgesprochenen Grundsätzen (vgl. Arb. a. d. Kaiserl. Gesundheitsamte Bd. 40), nur bei Gegenwart von Diastase eine ausgesprochene positive Reaktion, die mindestens $^1/_2$ Stunde beständig ist, als beweisend für einen Invertzuckerzusatz anzusehen, dagegen bei Abwesenheit von Diastase und bei gleichzeitigem Karamelgeschmack die Möglichkeit, daß der Reaktionsausfall auf eine übermäßige Erhitzung des Honigs zurückzuführen ist, offen zu lassen, würde somit kein Honig zu beanstanden gewesen sein. Die russischen Honige, welche mit Resorzinsalzsäure stärkere Färbungen gaben, stellten im übrigen Erzeugnisse dar, die infolge ihrer äußeren Eigenschaften und Beschaffenheit wohl nur noch in der Lebkuchenbereitung hätten Verwendung finden können. Als Speisehonig wären sie unverkäuflich gewesen.

Der brasilianische Honig (Nr. 80) war in zugelöteter Blechdose eingesandt worden und an den Lötstellen verbrannt. Hierauf dürfte in diesem Falle die Färbung mit Resorzinsalzsäure zurückzuführen sein.

Von besonderem Interesse erscheint es endlich, daß die als „pasteurisiert" bezeichneten russischen Honige sämtlich negativ reagierten, obwohl sie nach den Konsulatsberichten (vgl. diese S. 9) eine längere Erhitzung durchgemacht haben. Daß diese Erhitzung sich aber in normalen Grenzen gehalten hat, geht aus den Eigenschaften der Honige und aus der Gegenwart von Diastase hervor.

Es sei noch erwähnt, daß der russische Kunsthonig (Nr. 38 der Tabelle) mit Resorzinsalzsäure sehr starke kirschrote Färbungen gab.

Aschenmenge.

Alkalität und Phosphatgehalt der Asche.

Die Aschenmenge der Honige schwankte zwischen 0,027 und 0,673 % und betrug im Mittel 0,150 %. Die höchste Aschenmenge wurde bei Honigen mit Coniferentracht (Nr. 8 und 9), die niedrigste bei spanischen Rosmarin- und Thymianhonigen gefunden. Von letzteren Honigen gaben 5 Proben (Nr. 52—56) die auffallend geringen Aschenmengen von 0,0285, 0,0270, 0,0270, 0,0370 und 0,030 %. Honige mit derartig niedrigen Werten sind bisher selten beobachtet worden. An der Reinheit der Erzeugnisse kann aber nicht gezweifelt werden, und wir halten die geringen Aschenmengen für Eigenheiten der Honige von Rosmarin und Thymian.

Von den gesamten Honigproben enthielten 37 Honige unter 0,1% Asche. Diese Honige entstammten durchweg den Klassen der Leguminosen (Akazie, Klee und Esparsette) und der Labiaten (Rosmarin, Salbei und Lavendel). Auch Orangenblütenhonige erwiesen sich meist als aschenarm.

Den Labiatenhonigen dürfte gegenüber den Leguminosenhonigen eine untergeordnete Bedeutung zustehen. Letztere stellen dagegen einen nicht unbeträchtlichen Teil der inländischen und der aus dem Auslande eingeführten Honige dar. Luzerne, Esparsette und Kleearten werden als Futterpflanzen in den meisten Ländern in großen Mengen angepflanzt und von den Bienen mit Vorliebe beflogen. Die Beobachtung, daß Leguminosenhonige durchweg aschenarm sind, ist wiederholt gemacht worden. Reese (a. a. O.) fand in 31 Kleehonigen Aschenmenmengen von 0,04 bis 0,14% und im Mittel 0,08%. Browne (a. a. O.) ermittelte in 8 Luzernehonigen, in 15 Weißkleehonigen und in 3 Bastardkleehonigen im Mittel 0,07% Asche. Die mittlere Aschenmenge von 37 Leguminosenhonigen betrug nach Browne 0,10%. Auch Rapshonige haben sich nach Untersuchungen von Reese als aschenarm erwiesen; 6 dieser Honige ergaben Aschenmengen von 0,06 bis 0,09% und im Mittel 0,07%. Reinsch [1]) fand gleichfalls, daß Rapshonige aschenarm sind; bei reinem holsteinischen Kleehonig stellte er eine Aschenmenge von 0,05% fest. Die von Utz [2]) beobachteten niedrigen Aschenmengen — von 131 Proben deutschen Honigs ergaben 43,1% einen Aschengehalt von unter 0,1% — dürften vielleicht auch auf Klee- und Rapstracht zurückzuführen sein.

Honige anderer Tracht, insbesondere Lindenblütenhonige, Wiesenblütenhonige, Waldhonige und gemischte Blütenhonige haben sich dagegen nach unseren Untersuchungen nicht als aschenarm erwiesen. Diese Ergebnisse stimmen überein mit zahlreichen Literaturangaben. Reese (a. a. O.) fand bei 7 Lindenhonigen Aschenmengen von 0,11 bis 0,66% und im Mittel 0,25%; bei Buchweizen- und Heidehonig sowie bei Honig gemischter Tracht lag ferner die Aschenmenge durchweg über 0,1%. Auch Browne (a. a. O.) fand bei Blütenhonig — ausgenommen Leguminosenhonig — Aschenmengen, die durchweg über 0,1% lagen. Schwarz [3]) untersuchte Honige der Jahre 1905, 1906 und 1907 und fand von 374 Honigen nur 18 Proben (= 4,8%), die eine Asche unter 0,1% ergaben, während die übrigen Proben im Mittel 0,41% Asche gaben.

Ein Gehalt des Honigs an Honigtau erhöht die Aschenmenge, da der Honigtau sich stets als sehr reich an Mineralbestandteilen erwiesen hat. In besonders heißen Jahren werden die Sommerhonige wohl nie ganz frei von Honigtau sein; so erklärt es sich, wenn in solchen Jahren die Aschenmenge der Honige durchweg höher ist als in kälteren Jahren, in denen der Sommer keinen Honigtau brachte.

Die reinen Honigtauhonige besitzen oft abnorm hohe Aschenmengen. L. van Dine und Alice Thompson [4]) fanden in 44 Honigtau- und Honigtau-Verschnitt-

---

[1]) Jahresbericht Altona 1906, S. 22.
[2]) Zeitschrift angew. Chemie 1907, **20**, 2222.
[3]) Zeitschrift f. Unt. d. Nahrungs- und Genußmittel 1908, **15**, 403.
[4]) Hawaii Agricultural Experiment Station, Bulletin Nr. 17, 1908.

honigen von Hawaii Aschenmengen von 0,69 bis 2,10%; allein 32 von diesen Honigen ergaben über 1,00% Asche. In europäischen Honigtau- und Coniferenhonigen sind selten derartig hohe Aschenmengen beobachtet worden. Die Werte lagen aber immerhin erheblich über denen der reinen Blütenhonige. So sind in der Schweizerischen Honigstatistik des Jahres 1909 (a. a. O.) 20 Honigtauhonige aufgeführt, die folgende Aschenmengen ergaben: 0,79, 0,78, 0,79, 0,77, 0,94, 0,72, 0,83, 0,74, 0,68, 0,73, 0,86, 0,73, 0,51, 0,79, 0,74, 0,84, 0,74, 0,81, 0,61 und 0,40%.

C. Amthor und Stern[1]) fanden ferner in Coniferenhonig 0,63 und 0,77% Asche und König und Karsch[2]) geben die Aschenmenge eines Coniferenhonigs mit 0,409% an. Auch Schaffer (a. a. O.) beobachtete bei Honigtau- und Coniferenhonig hohe Aschenmengen.

Nach den „Vereinbarungen" und den mehrfach genannten Vorschlägen des Ausschusses der „Freien Vereinigung" schwankt der Gehalt der Honige an Mineralbestandteilen zwischen 0,1 und 0,8%. Die gleichen Werte werden vom Deutschen Arzneibuch für reine Honige angegeben. In dem „Entwurf zu Festsetzungen über Honig" ist eine Unterscheidung zwischen Honigtauhonig und Coniferenhonig einerseits, Blütenhonig andererseits gemacht. Die ersteren sollen in der Regel 0,4 bis 0,8% und die letzteren 0,1 bis 0,35% Asche ergeben. Außerdem ist in diesem Entwurf darauf verwiesen, daß bei Klee- und Rapshonig, sowie auch bei ausländischem Honig wiederholt eine Aschenmenge von unter 0,1% festgestellt worden ist.

Der Phosphatgehalt der Honige nach der Veraschung schwankte von 0,0075 bis 0,0932% (als PO_4 berechnet) und betrug im Mittel 0,0198%. Auf die Asche berechnet ergaben sich Phosphatmengen von 5,7 bis 35,5%. Die Asche der Honige hat sich durchweg reich an Phosphaten erwiesen im Gegensatz zur Zuckerasche, die nach Literaturangaben[3]) arm an Phosphaten ist.

Bei der Betrachtung der Zahlen für die Alkalität der Asche ist zu berücksichtigen, daß einige mit * bezeichnete Werte durch Titration gegen Azolithminpapier, die übrigen Werte durch Titration gegen Methylorange ermittelt wurden. Nach der ersten Methode wird eine etwas geringere Alkalitätszahl als nach der letzteren erhalten. Sieht man nun von den wenigen Azolithminwerten ab und vergleicht die übrigen Werte untereinander, so ergibt sich, daß die Alkalitätszahlen durchweg zwischen 10 und 15 liegen und in den seltensten Fällen 10 um ein Geringes unterschreiten. Da Zuckeraschen im allgemeinen nur geringe Alkalitätszahlen aufweisen[3]), so erscheint uns die Alkalitätszahl nicht ohne Bedeutung für die Beurteilung des Honigs. Sollten sich unsere Beobachtungen auch an deutschen Honigen bestätigen, so würden Werte, die erheblich unter 10 liegen, stark verdächtig erscheinen und auf einen Zuckerzusatz

[1]) König, Chemie d. menschl. Nahrungs- und Genußmittel 4. Aufl., I. Bd., S. 923.
[2]) König, Chemie d. menschl. Nahrungs- und Genußmittel 4. Aufl., I. Bd., S. 924.
[3]) Zeitschrift f. Untersuchung der Nahrungs- und Genußmittel 1905, 10, 726.

zum Honig hinweisen. Es sei noch bemerkt, daß der einzige Kunsthonig der Tabelle (Nr. 38) die Alkalitätszahl 5,4 besaß.

Die vorstehenden Untersuchungen sind auf Anregung des Herrn Geh. Regierungsrates Direktor Dr. Kerp im Chemischen Laboratorium des Kaiserlichen Gesundheitsamtes ausgeführt und nach mehrfachen Unterbrechungen im September 1912 zum Abschluß gebracht worden. Für das große Interesse, welches Herr Direktor Kerp unseren Arbeiten entgegengebracht hat, sprechen wir auch an dieser Stelle unsern verbindlichsten Dank aus.

Bei den Untersuchungen wurden wir, soweit es die Feststellung und weitere Prüfung der Asche anbelangt, von Herrn Dr. Bosselmann in dankenswerter Weise unterstützt.

Tabelle II. Einfuhr aus den einzelnen

Einfuhr aus	1900		1901		1902		1903	
	Menge	Wert	Menge	Wert	Menge	Wert	Menge	Wert
	dz	1000 M	dz	1000 M	dz	1000 M	dz	1000 M
Österreich-Ungarn	1 284	77	1 038	62	947	57	701	42
Rußland	8	1	7	1	22	1	16	1
Italien	834	42	932	42	1 429	64	1 479	96
Spanien	1	0	3	0	6	0	59	4
Schweiz	70	8	69	8	80	10	99	12
Dänemark	2	0	4	1	2	0	4	1
Frankreich	259	17	418	27	403	26	1 216	79
Groß-Britannien	160	8	41	2	115	5	186	8
Niederlande	19	1	38	2	131	6	821	33
Chile	9 139	430	7 738	325	12 392	496	9 913	397
Brasilien	41	2	49	3	139	8	173	10
Ver. Staaten von Amerika .	1 826	141	1 668	87	3 454	228	4 296	279
Mexiko	1 758	88	1 677	71	3 561	135	3 182	119
Cuba	2 794	134	5 822	239	6 807	266	6 337	231

G. Anhang. Spezialhandel des Deutschen Reichs in Honig und Kunsthonig[1]).

Tabelle I. Einfuhr und Ausfuhr in den Jahren 1897—1909.

	Einfuhr			Ausfuhr		
Jahr	Einheitswert M für 100 kg	Menge dz	Wert 1000 M	Einheitswert M für 100 kg	Menge dz	Wert 1000 M
1897	47,06	18 868	888	120,00	1 137	136
1898	49,69	23 082	1 147	150,00	2 114	317
1899	48,93	21 049	1 030	150,00	5 202	780
1900	51,99	19 117	994	62,15	3 218	200
1901	44,37	20 766	921	62,00	2 309	143
1902	43,97	30 993	1 363	63,00	2 728	172
1903	45,68	30 321	1 385	48,09	9 008	433
1904	44,05	28 580	1 259	36,66	2 687	99
1905	46,32	25 086	1 162	41,10	3 890	160
1906	46,96	28 256	1 326	40,20	3 996	161
1907	48,85	28 970	1 415	41,07	5 810	239
1908	49,01	33 738	1 653	43,67	3 621	158
1909	49,01	43 014	2 108	32,9	17 645	581

Ländern in den Jahren 1900 bis 1909.

1904		1905		1906		1907		1908		1909	
Menge dz	Wert 1000 M	Menge dz	Wert 1000 M	Menge dz	Wert 1000 M	Menge dz	Wert 1000 M	Menge dz	Wert 1000 M	Menge dz	Wert 1000 M
781	47	603	36	389	22	724	47	640	45	421	32
10	1	12	1	—	—	—	—	13	1	83	8
1 120	73	553	36	714	45	1 712	111	1 443	94	2 432	170
9	0	10	1	17	1	33	2	—	—	—	—
78	9	65	8	41	5	64	8	94	11	68	9
5	1	3	0	—	—	—	—	—	—	—	—
709	46	357	23	311	20	417	25	2 417	136	3 410	222
153	7	148	7	72	3	—	—	—	—	—	—
309	14	40	2	27	1	52	3	165	8	60	3
7 260	305	6 808	306	9 652	442	9 765	410	9 798	441	7 978	415
76	5	222	10	94	4	78	3	43	2	85	4
3 730	254	3 419	233	2 497	153	3 322	259	2 369	190	2 147	161
2 882	104	2 286	91	2 468	107	2 752	121	4 316	190	4 630	213
9 222	313	8 857	337	9 985	431	7 052	296	8 193	344	16 340	719

[1]) Die Angaben sind der „Statistik des Deutschen Reichs" entnommen.